ÉTUDES

SUR LES

ANIMAUX RESSUSCITANTS.

Paris. — Imprimé par E. Thunot et Ce, rue Racine, 26

ÉTUDES

SUR LES

ANIMAUX RESSUSCITANTS.

Rapport lu à la Société de Biologie, les 17 et 24 mars 1860, au nom d'une commission

Composée de MM. BALBIANI, BERTHELOT, BROWN-SÉQUARD, DARESTE, GUILLEMIN, CHARLES ROBIN.

PAR

M. PAUL BROCA,

PROFESSEUR AGRÉGÉ A LA FACULTÉ DE MÉDECINE DE PARIS,
CHIRURGIEN DES HÔPITAUX, ETC.

AVEC FIGURES GRAVÉES

To be or not to be, that is the question.
HAMLET.

PARIS,

CHEZ ADRIEN DELAHAYE, LIBRAIRE-ÉDITEUR,
PLACE DE L'ÉCOLE-DE-MÉDECINE, 23.

1860

RAPPORT

SUR LA

RÉVIVISCENCE DES ANIMAUX DESSÉCHÉS.

To be or not to be, that is the question.
(HAMLET.)

Une des plus graves et des plus hautes questions dont puissent s'occuper les biologistes, s'agite depuis plus d'une année dans la presse et dans les académies. Deux observateurs également consciencieux, deux expérimentateurs également habiles, MM. les professeurs Doyère et Pouchet, ont renouvelé un débat qui avait déjà divisé les savants du dernier siècle; conduits par leurs expériences contradictoires à des conclusions diamétralement opposées, ils ont résolu d'un commun accord, avec une bonne foi qui les honore, de soumettre leur différend à l'appréciation d'une société savante.

C'est un grand honneur pour la Société de biologie d'avoir été prise pour arbitre dans une discussion aussi importante. C'est en même temps une grande responsabilité qu'elle a acceptée devant le monde scientifique, et vos commissaires, messieurs, se sont pénétrés des devoirs que cette situation leur imposait. Ils ont pensé que des expériences assez délicates pour donner des résultats contradictoires entre les mains de deux savants qui doivent à leur habileté expérimentale une partie de leur célébrité, ne pouvaient être répétées avec trop de circonspection. Avant d'agir par eux-mêmes, ils ont tenu à faire opérer devant eux les deux adversaires; ils n'ont pas reculé devant les longs délais qui devaient résulter de cette détermination; enfin, pour procéder à leur tour aussi rigoureusement que possible, ils n'ont entrepris leurs propres expériences qu'après en avoir soumis le plan aux parties intéressées. Sans négliger aucune des conditions que M. Doyère juge indispensables, ils ont accepté avec empressement les modifications demandées par M. Pouchet, et sûrs alors d'avoir fait tout ce qui dépendait d'eux pour se tenir à l'abri des causes d'erreur, ils se sont mis à l'œuvre en s'entourant de précautions qui paraîtront peut-être minutieuses, et qui, sans doute, ne sont pas toutes également utiles, mais qui, du moins, ont eu l'avantage de leur donner plus de sécurité.

Neuf mois se sont écoulés depuis que la commission est instituée, et ceux qui ne connaissaient pas toutes les difficultés de notre tâche ont pu, sans malveillance, se plaindre de nos lenteurs. Il était d'ailleurs permis d'attendre avec quelque impatience la solution d'un problème de physiologie qui avait donné lieu à des polémiques ardentes, et qui avait eu le privilége d'exciter à un haut degré l'attention du public scientifique. Nous tenons beaucoup, messieurs, à vous faire savoir que nous n'avons rien négligé pour vous présenter notre rapport le plus tôt possible. La commission ne s'est pas réunie moins de quarante-deux fois en séances régulières, sans compter les travaux partiels confiés fréquemment à quelques-uns de ses membres. Les expériences de M. Doyère, commencées le 20 juin 1859, ont duré jusqu'au 4 juillet. Celles de M. Pouchet, commencées le 12 août, n'ont été terminées que le 2 novembre. C'est depuis lors seulement que la commission a travaillé seule ; l'une de ses expériences a duré plus de quatre-vingt-dix jours, et en se présentant aujourd'hui devant vous elle est certaine du moins d'avoir eu, à défaut d'autre mérite, celui du zèle et de l'activité.

Nous ne terminerons pas ce préambule, messieurs, sans remercier vivement M. le professeur Gavarret d'avoir mis libéralement à notre disposition toutes les ressources du laboratoire de physique de la Faculté de médecine. Ayant déjà par ses propres travaux pris position dans le débat, il a voulu rester étranger à toutes nos opérations, il n'y a même pas assisté ; mais il a bien voulu nous autoriser à nous servir des appareils qu'il avait préparés lui-même, et dont la précision ne laissait rien à désirer.

Notre rapport se composera de trois parties.

Dans la première partie, qui sera presque entièrement historique et critique, nous décrirons sommairement le phénomène de la réviviscence, nous en ferons ressortir l'importance, nous exposerons les diverses doctrines dont il a été le point de départ, et nous discuterons les bases des expériences propres à dissiper les incertitudes de la science sur ce sujet, qui touche aux régions les plus élevées de la biologie générale.

Dans la seconde partie, qui sera purement expérimentale, nous vous soumettrons les résultats des expériences exécutées devant nous par MM. Doyère et Pouchet, et de celles que nous avons ensuite exécutées nous-mêmes.

Enfin, le rapporteur vous demandera la permission de vous présenter dans une troisième partie quelques remarques sur la théorie du phénomène de la réviviscence.

PREMIÈRE PARTIE.

§ I. — Exposé du sujet.

Nous ne nous proposons pas, messieurs, de vous présenter ici l'histoire complète de la question des réviviscences. Si nous devions exposer, même en abrégé, les opinions de tous les savants qui s'en sont occupés, résumer leurs expériences, examiner les conclusions qu'ils en ont tirées, et peser leurs autorités contradictoires, nous serions entraînés bien au delà des limites que la nature de notre travail nous impose. La commission n'a pas été instituée pour étudier toutes les propriétés des animaux dits ressuscitants, mais seulement pour répondre à une question particulière qui est la suivante : *Des animaux complétement desséchés peuvent-ils être ranimés par l'humectation?* Nous laisserons donc de côté tous les détails historiques ou expérimentaux qui ne se rattachent pas à cette question spéciale.

Les petits animaux qui possèdent la propriété de se ranimer au contact de l'eau après avoir été privés par la dessiccation de toutes les apparences de la vie, et qui ont été désignés depuis Spallanzani sous le nom d'*animaux ressuscitants*, appartiennent à un assez grand nombre de genres et à un plus grand nombre d'espèces. Les plus célèbres sont ceux qui constituent les trois groupes connus vulgairement sous les noms de *rotifères*, de *tardigrades* et d'*anguillules*. Placés sur les confins du monde microscopique, ils peuvent être aperçus à la loupe, et quelquefois même à l'œil nu; toutefois, pour les étudier convenablement il faut recourir à des grossissements de 30 à 100 diamètres. D'autres animaux beaucoup plus petits, appartenant à la catégorie si mal limitée des infusoires, partagent avec les précédents la propriété de réviviscence. Il est probable enfin que cette propriété appartient encore à quelques animaux beaucoup plus grands, et parfaitement visibles à l'œil nu. Mais nous avons dû concentrer presque exclusivement notre attention sur les *rotifères*, les *tardigrades* et les *anguillules*, parce que le débat soumis à la Société roule principalement sur la réviviscence de ces animaux.

Le sable qui se dépose dans les gouttières ou sur les toitures en tuile, et la matière terreuse sur laquelle croissent les mousses des toits, des ruines et des rochers, recèlent presque toujours une ou plusieurs espèces d'animaux réviviscibles. Le nombre, la nature et les propriétés de ces êtres singuliers, varient beaucoup suivant la situation et l'exposition du lieu où ils résident. On trouve même quelquefois de notables différences entre les deux versants d'une même toiture. Les animaux sont en général plus abondants sur le versant le moins exposé au soleil, mais en revanche ceux qui vivent sur le versant opposé résistent mieux aux températures élevées et à la dessiccation artificielle. Leur merveilleuse organisation brave impunément les variations excessives de chaleur et d'humidité qui se manifestent naturellement dans le milieu où ils vivent; ils peuvent rester longtemps dans l'eau, s'y nourrir, s'y reproduire. Le séjour dans la terre humide diminue leur activité sans la détruire, et ils en conservent assez pour pouvoir grimper sur la tige des mousses à l'ombre desquelles ils sont nés; de telle sorte que, suivant la quantité d'eau qui leur est accordée, ils vivent tantôt comme des infusoires, tantôt comme des vers de terre. Mais ces aptitudes diverses, déjà si remarquables, ne suffiraient pas pour maintenir leurs espèces, s'ils ne jouissaient d'une autre propriété plus remarquable encore, qui leur permet de franchir impunément les plus longues périodes de sécheresse. Lorsque l'eau vient à leur manquer, ils se rétractent, s'amincissent, se racornissent, se momifient en quelque sorte, se confondant avec la poussière voisine, et pouvant, comme elle, être emportés par le vent; ils peuvent rester plusieurs mois, plusieurs années, dans cet état semblable à la mort, et qui, pour les animaux ordinaires, serait une mort définitive. Mais ils n'ont pas pour cela perdu leur droit à la vie, et lorsqu'on verse de l'eau sur ces corps depuis si longtemps inertes, on voit, chose à peine croyable, toutes les manifestations de la vie y apparaître de nouveau. Les organes se déploient, les formes se rétablissent, des contractions partielles, puis des mouvements d'ensemble ne tardent pas à se montrer; enfin, au bout d'un temps qui varie depuis quelques minutes jusqu'à plusieurs jours, ces êtres qui, placés dans un milieu constamment favorable, auraient pu depuis longtemps périr sans retour, recommencent comme une autre vie, ou plutôt reprennent leur vie antérieure au point où la dessiccation l'avait suspendue, jusqu'à ce qu'une nouvelle période de sécheresse vienne l'interrompre encore une fois.

Tels sont, en dehors des conditions artificielles créées par les expérimentateurs, les phénomènes qui se passent tous les jours dans la nature. Chaque alternative de pluie et de sécheresse ranime ou dessèche sur nos toits des milliards d'animalcules; et de quelque manière qu'on interprète ces faits étranges, on est bien obligé de reconnaître qu'ils forment un contraste frappant avec ceux qu'on observe chez les autres animaux. Partout ailleurs la vie animale se manifeste à nous comme un acte continu; l'activité de certains tissus et de certains organes persiste pendant l'hibernation comme pendant la léthargie ou l'asphyxie. Seuls, les animaux qui survivent à la congélation complète sont comparables à ceux qui peuvent vivre encore après avoir été desséchés, car toutes les fonctions de la vie sont bien positivement suspendues chez les uns comme chez les autres. Mais les premiers conservent du moins dans leurs tissus les proportions respectives d'eau et d'éléments organiques qui constituent leur structure normale; toutes leurs parties ont gardé leur forme, leur volume et leurs rapports. Le dégel remet donc tout à coup leurs organes dans les conditions matérielles où ils étaient avant la congélation, et, là où l'état anatomique est inaltéré, le retour des fonctions ne paraît pas un prodige. L'animal desséché, au contraire, a perdu, en même temps que les manifestations de la vie, la forme, la disposition, le volume, et jusqu'à la constitution moléculaire de ses organes. La plus grande partie de l'eau imbibée dans ses tissus s'est évaporée, et ceux-ci, avant de retrouver leur souplesse, avant de reprendre leurs fonctions, doivent d'abord recouvrer leur structure. C'est là ce qui donne un caractère tout exceptionnel à la réviviscence de l'animal desséché, quel que soit d'ailleurs le degré plus ou moins avancé de dessiccation auquel il ait été soumis. Ce retour de l'activité vitale dans un corps qui paraissait réduit à l'état de momie est un phénomène tellement insolite, tellement peu conforme en apparence aux lois ordinaires de la vie animale, que les physiologistes, appelés à en chercher l'explication, ont dû éprouver plus d'embarras encore que de surprise.

§ II. — HISTOIRE DE LA DÉCOUVERTE DES ANIMAUX RÉVIVISCENTS.

Les *rotifères* et leur merveilleuse propriété de réviviscence furent découverts le 2 septembre 1701 par Leeuwenhoek (1). Comme plu-

(1) Ant. a Leeuwenhoek, CONTINUATIO ARCANORUM NATURÆ. Lugd. Batav., 1719, in-4, epist. 144, ad Henr. Bleysvicium, p. 384 et sqs. La lettre est datée du 8 février 1702.

sieurs autres découvertes précieuses du même auteur, celle-là fut accueillie avec indifférence et promptement oubliée, soit qu'on n'en eût pas compris la portée, soit qu'on l'eût jugée trop extravagante pour mériter d'être vérifiée, soit enfin que l'imperfection des instruments d'optique n'eût pas permis aux autres observateurs de retrouver l'animal singulier décrit et figuré par l'illustre micrographe. Le fait de la réviviscence put donc paraître nouveau lorsque Needham, en 1743, découvrit à son tour, dans le blé niellé, des myriades d'*anguillules* réviviscibles (1). La même année, Henry Baker rappela l'attention des observateurs sur les *animaux à roues* découverts par Leeuwenhoek; mais, quoiqu'il les eût observés lui-même (2), il se borna à reproduire sans commentaires la description du micrographe hollandais(3). Il prévoyait sans doute qu'il n'était pas sans danger de creuser un pareil sujet, car l'année suivante, dans sa longue lettre au président de la Société royale de Londres, il décrivit dans les plus grands détails la structure et les mouvements des rotifères, et glissa légèrement sur le phénomène de la réviviscence, dont il ne fit pas même ressortir la singularité (4). Ce fut seulement dix ans plus tard, qu'ayant enfin trouvé une explication rassurante, il se permit de traiter la question avec quelques développements.

Moins prudent que lui, Needham avait annoncé du premier coup que les petits vers desséchés du blé gâté par la nielle, *prenaient vie* (took life) au contact de l'eau. Cette expression peut-être ne rendait pas exactement sa pensée; nous ferons bientôt voir qu'il n'était pas aussi radical que le crurent ses ennemis. Mais il avait froissé les idées de tout le monde, et il ne tarda pas à s'en apercevoir. Poursuivi par les anathèmes des uns, par les sarcasmes des autres, considéré tantôt comme un novateur impie, tantôt comme un visionnaire absurde, le

---

(1) Turbervill Needham, *a Letter concerning Chalky Tubulous Concretions, with some Microscopical Observations on the Farina of the Red Lily, and on Worms discovered in Smutty Corn*. Cette lettre, datée du 11 août 1743, fut lue à la Société royale de Londres, le 22 décembre, et publiée dans PHILOSOPH. TRANSACTIONS, vol. XLII, 1743, art. 16, p. 634-641. Le passage relatif aux anguillules forme le dernier alinéa du volume.

(2) H. Baker, ESSAI SUR L'HIST. NAT. DU POLYPE INSECTE, trad. franç. Paris, 1744, in-12, p. 35-36. L'édit. anglaise est de Londres, 1743.

(3) H. Baker, THE MICROSCOPE MADE EASY. Lond., 1743, in-8, p. 92.

(4) *A letter to Martin Folkes, on the Wheeler or Wheel Animal*. Cette lettre est datée du 16 janvier 1744; elle a été reproduite textuellement dans l'ouvrage de l'auteur, intitulé : EMPLOYMENT FOR THE MICROSCOPE. Lond., 1753, in-8, 2e édit., 1764, in-8, p. 267 à 292.

malheureux Needham ne réussit même pas à se réhabiliter en sacrifiant plusieurs fois ses idées aux exigences variables de l'époque. Ceux-là même qui avaient de leurs propres yeux vérifié l'exactitude de sa découverte, se refusèrent à en accepter les conséquences. L'histoire des rotifères fut de nouveau mise au nombre des fables. Quant aux anguillules de la nielle, on prétendit que ce n'étaient pas des animaux, mais seulement des *filaments animés*, des *fibres mouvantes*, des *étuis pleins de globules mobiles*, ou même de simples *tubes de nature végétale*, mis en oscillation par l'imbibition de l'eau (1). Puis, lorsque l'animalité de ces êtres eut été démontrée, on soutint qu'ils ne différaient pas des infusoires ordinaires, qu'ils se formaient pendant l'expérience soit par génération spontanée, soit par l'éclosion de germes préexistants (2). Pour émettre une pareille assertion, il fallait avant tout n'avoir jamais observé les animalcules de la nielle; mais tant d'efforts d'imagination, tant d'interprétations étranges, tant d'objections systématiques empruntées à la théologie, à la philosophie ou à la science méritaient d'être rappelés ici, comme une preuve évidente que le fait pur et simple de la réviviscence, de la réviviscence *naturelle*, qui se manifeste chez les animaux desséchés spontanément à l'air libre, bouleversait toutes les idées qu'on avait admises jusqu'alors sur la nature de la vie animale.

Spallanzani, à la suite de ses premières observations (1767), s'était d'abord rangé parmi ceux qui niaient l'animalité des anguillules. « Ce ne sont vraiment, avait-il dit, que des filets allongés mis en mou« vement par le fluide qui les pénètre (3). » L'autorité de ce savant

---

(1) Croirait-on que tout récemment M. Diesing a encore mis en doute l'animalité des anguillules? (*Phænomenon rectius forsan motu moleculari explicandum*), dans SYSTEMA HELMINTOLOGIÆ, t. II, p. 132, 1851. Cité par M. Davaine dans son mémoire sur les *anguillules du blé niellé* (MÉM. DE LA SOC. DE BIOLOGIE, 1856, t. III, p. 210, 2e série).

(2) C'est surtout pour les animaux dont l'animalité n'a jamais pu être niée qu'on a imaginé cette fin de non-recevoir. Nous n'entreprendrons pas d'expliquer comment, jusque dans notre siècle, des hommes de la valeur de Bory de Saint-Vincent et d'Ehrenberg ont pu croire que la réviviscence des *rotifères* est une pure illusion, et que ceux de ces animaux qui se raniment sous l'œil de l'observateur sont tout simplement des nouveau-nés éclos pendant l'expérience.

(3) Spallanzani, SAGGIO DI OSSERVAZIONI MICROSCOPICHE, CONCERNENTI IL SISTEMA DELLA GENERAZIONE. Modène, 1767, in-8, 1 vol. Traduction française par l'abbé Regley, avec des notes de Needham, sous le titre de NOUVELLES RECHERCHES SUR LES DÉCOUVERTES MICROSCOPIQUES ET SUR LA GÉNÉRATION DES CORPS ORGANISÉS. Londres et Paris, 1769, in-8, t. I ch. 2, p. 25.

avait fait faire à Needham un dernier pas en arrière, et celui-ci avait fini par déclarer humblement que « certains filets ou fibres allongées « en forme d'anguilles, qui se trouvent dans le blé niellé, sont *une « sorte d'être purement vital*, qui ne donne aucune marque de spon- « tanéité dans ses mouvements (1). » Mais pendant que Needham déguisait ainsi sa capitulation sous un jeu de mots aussi ingénieux qu'obscur, la question entrait tout à coup dans une période nouvelle. Fontana et Roffredi étudiaient le mode de reproduction des anguillules. Fontana (1771) assistait aux principales phases de l'évolution de ces animaux, à la formation de la *galle* où cette évolution s'opère, où les adultes *mâles* fécondent leurs *femelles*, où celles-ci pondent leurs œufs innombrables, et où les jeunes, incomparablement plus petits que leurs parents, éclosent presque aussitôt. Roffredi (1775) arrivait à des résultats plus précis et plus complets, décrivait non-seulement le développement des anguillules, mais encore leur migration dans la terre et leur ascension dans la tige du blé (2). Ces

(1) Note 7 du ch. 2 de l'ouvrage cité dans la note précédente, t. I, p. 162.

(2) Fontana avait publié en 1765, dans la première édition italienne de ses recherches sur le venin de la vipère, quelques observations sur la reviviscence des anguillules du blé niellé; mais il ne paraît s'être occupé que six ans plus tard de l'origine de ces animaux. Le précis de ses expériences sur la propagation et la sexualité des anguillules parut, en 1771, dans les NOVELLE LETTERARIE DI FIRENZA, supplemento al n° XXX, p. 815 (27 juillet 1771). Les expériences de Roffredi, commencées à la même époque (JOURNAL DE PHYSIQUE de Rozier, 1776, t. VII, p. 378, in-4) ne furent publiées qu'en janvier 1775 (JOURNAL DE PHYSIQUE de Rozier, 1775, t. V, p. 1). Fontana crut devoir établir ses droits de priorité, et pour cela, sans faire aucune allusion au mémoire de Roffredi, il se borna à réimprimer, sous forme de lettre, le résumé qui avait déjà paru en 1771. Cette lettre parut à Rome, en 1775, dans l'ANTOLOGIE, et fut reproduite en janvier 1776, dans le JOURNAL DE PHYSIQUE de Rozier (t. VII, p. 43). Roffredi accueillit fort mal cette réclamation indirecte. Il accusa amèrement son rival d'avoir modifié le texte de 1771. C'était vrai; mais les changements étaient insignifiants et ne se rapportaient pas à la question des anguillules. On connaissait alors fort peu les maladies du grain. Ce qui était la *nielle* pour les uns, s'appelait pour les autres la *rouille*, la *volpe*, l'*ergot*, le *faux ergot*, le *blé charbonné*, le *blé avorté*, le *blé rachitique*, le *blé cornu*, etc., et, la confusion des mots entraînant la confusion des idées, on avait cru que les grains à anguillules étaient les mêmes que ceux qui produisaient les épidémies d'ergotisme. Fontana, qui avait d'abord partagé cette erreur, ne tarda pas à s'en défaire, et, dans la réimpression de 1776, il supprima ou atténua ce qui était relatif aux propriétés vénéneuses des grains à anguillules. De l'aveu même de Roffredi (JOURN. DE PHYS., 1776, p. 376-377), les changements ne portaient que sur ce point, mais il insinua que Fontana, ayant

deux savants, sans doute, étaient loin d'avoir épuisé le sujet; ils avaient commis plusieurs méprises, négligé plus d'un fait important, et il était réservé à notre collègue, M. Davaine, de corriger et de compléter leur œuvre (1). Mais ils avaient du moins démontré, d'une ma-

---

parlé du *blé ergoté*, qui ne renferme pas d'anguillules, avait imaginé tout ce qu'il avait dit sur ces animaux, et qu'il avait obscurci à dessein les passages relatifs à la question d'empoisonnement, parce que « des observations qui, « faites sur un individu devraient être réputées chimériques, peuvent être « tenues pour réelles si on les rapporte à un autre. » (P. 377.) Fontana dédaigna de répondre à cette attaque déloyale, et il eut tort, car la plupart des auteurs l'ont dépouillé de ses découvertes pour en faire honneur à Roffredi, et plusieurs même sont allés jusqu'à l'accuser de plagiat. Si ces auteurs avaient lu avec attention la lettre de Fontana, ils y auraient vu deux choses que les travaux de M. Davaine ont récemment confirmées, et qui sont les deux points capitaux de l'histoire des anguillules. 1° Les grains à anguillules ne sont pas des grains véritables, mais des *galles* ou coques, dont la formation est provoquée par la présence des anguillules (JOURN. DE PHYS., t. VII, p. 44-45). Cette opinion, qui est exacte, est rejetée par Roffredi (p. 370), qui persiste à considérer les grains niellés comme des *grains avortés* (p. 371 et 379). 2° Les anguillules sont des animaux à sexes séparés, et les mâles adultes diffèrent beaucoup des femelles (p. 46). La découverte de ce fait appartient à Fontana. Roffredi prétendit, il est vrai, en 1776 (p. 382), qu'il avait annoncé ce fait dans une note de la page 13 de son mémoire de 1775. Or voilà tout ce qu'on lit dans cette note : « La fig. 2 exigerait une description détaillée sur la « structure, l'intérieur, et *peut-être le sexe* de cette anguille parvenue à son « dernier terme d'accroissement. Mais *n'ayant pas encore étudié à fond* l'an-« guille dans ce dernier période,... *je dois attendre, pour donner ces détails* « qui peuvent être intéressants, *que le retour de la saison convenable m'ait « permis de faire les observations nécessaires.* » (*Loc. cit.*, t. V, p. 13.) Telle est la note où il prétendit, l'année suivante, « avoir fait sentir qu'il avait des *ob-« servations propres à faire juger que les anguilles d'une moindre grosseur* « qu'on rencontre dans le blé avorté, mêlées avec les grosses anguilles « mères, *étaient les mâles de l'espèce.* » (T. VII, p. 382). Il oubliait que dans un autre mémoire, publié en mars 1775, deux mois après l'impression de cette fameuse note de la page 13, il avait déclaré formellement que les anguillules de la colle étaient seules pourvues de sexes, et qu'il n'avait pu distinguer la sexualité sur aucune autre espèce d'anguillules. (*Loc. cit*, t. V, p. 215.) C'est donc à Fontana que revient la découverte de la sexualité des anguillules et de la nature de la *galle* qui contient le grain niellé, et ce sont là certainement les deux points les plus importants de leur histoire.

(1) Davaine, *Mémoire sur les anguillules du blé niellé*, dans MÉM. DE LA SOC. DE BIOLOGIE, 1856, t. III, p. 201-271. C'est la monographie la plus complète et la plus exacte que la science possède sur ce sujet.

nière irréfutable, que les anguillules de la nielle sont de véritables animaux, et la physiologie dès lors était définitivement mise en demeure de se prononcer sur la nature du phénomène de la réviviscence.

Spallanzani, qui avait reculé d'abord devant la difficulté, osa cette fois l'aborder courageusement de front. Il ne s'agissait plus maintenant d'établir que les êtres réviviscents étaient des animaux : c'était déjà incontestable; mais il s'agissait de savoir jusqu'à quel point le phénomène de la réviviscence s'écartait des lois ordinaires de la vie, et, pour résoudre cette grave question, il fallait recourir à des expériences variées. Spallanzani ne se borna donc pas, comme on l'avait fait jusqu'alors, à placer les animaux dans les conditions où ils se raniment naturellement. Il créa pour eux des conditions artificielles, il les soumit à l'action du vide, à celle des températures élevées et des mélanges réfrigérants; il les exposa au contact de diverses vapeurs et de divers liquides. Ce ne furent pas seulement les *anguilulles de la nielle* qui furent l'objet de ces remarquables expériences. Spallanzani avait retrouvé dans le sable des gouttières les rotifères décrits par Leeuwenhoek et presque entièrement oubliés depuis trois quarts de siècle (1); en outre, il avait découvert dans ce même sable deux autres espèces inconnues avant lui, les *tardigrades* et les *anguillules des*

---

(1) Nous avons déjà dit que Baker, en 1743 et 1744, avait constaté la réviviscence des rotifères des toits. Après lui, plusieurs naturalistes micrographes étudièrent et décrivirent plusieurs espèces d'animaux à roues, mais aucun d'eux pendant longtemps ne put réussir à ranimer ces animaux après les avoir desséchés. Il est permis d'en conclure qu'ils avaient observé des espèces différentes de celles que Leeuwenhoek avait étudiées. Roffredi, en 1775, réussit à ranimer quelques rotifères desséchés (Voy. JOURN. DE PHYS., de l'abbé Rozier, mars 1775, t. V, p. 220. Paris, 1775, in-4). Mais il ne prit probablement que les rotifères des eaux bourbeuses, car il parle de la *boue* dans laquelle ils s'étaient desséchés. On comprend ainsi qu'il n'en ait pu ranimer que 5 sur 109. Il ajoute d'ailleurs, p. 122, que les anguillules du blé niellé constituent *un exemple jusqu'à présent unique dans son genre*, en ce sens que leur réviviscence n'est pas seulement un événement possible, comme celle des rotifères, mais que cet événement est dans l'ordre même de la nature. Il n'avait donc pas étudié les rotifères des toits dont la réviviscence est tout aussi bien dans l'ordre de la nature que celle des anguillules, puisque leurs habitudes les exposent naturellement à subir toutes les alternatives d'humidité et de sécheresse, et qu'ils ne pourraient s'y maintenir sans leur propriété de réviviscence. Spallanzani est donc le premier qui, depuis Baker, ait retrouvé les rotifères des toits.

tuiles, qui partagent avec les rotifères la propriété de se ranimer au contact de l'eau. Il avait donc étudié le phénomène de la réviviscence sur quatre espèces différentes, et la question avait ainsi acquis un caractère de généralité qui en rehaussait singulièrement l'importance. Son mémoire sur *les animaux que l'observateur peut à son gré faire passer de la mort à la vie*, publié à Modène en 1776 (1), et presque aussitôt traduit en français, mit décidément la physiologie aux prises avec tout un ordre de faits jusque-là dédaignés par elle ou écartés comme des exceptions trop rares ou trop étranges pour mériter d'être prises en considération. Bientôt le cercle des réviviscences s'agrandit davantage encore. Dans la préface de sa traduction de Spallanzani, Sennebier ajouta les *volvox* à la liste des animaux réviviscibles (2). Puis Fontana, après avoir parlé des rotifères, annonça qu'il avait trouvé soit sur les toits, soit dans la terre, soit dans l'eau, *quantité d'autres petits animaux* susceptibles d'être ranimés par l'humectation après avoir été desséchés (3). Il décrivit même, sous le nom de *seta equina*, un grand animal filiforme (*gordius*), long de plusieurs centimètres qui, par la dessiccation, devient semblable « à une paille écrasée et aride, » et qui, plongé dans l'eau, reprend en moins d'une demi-heure sa forme, son volume, son poids et son activité (4). Enfin, les observateurs plus modernes ont reconnu que les rotifères ne forment pas une seule espèce, mais une famille composée d'un assez grand nombre d'espèces, dont plusieurs sont réviviscentes, et, en examinant de plus près les animaux désignés depuis Spallanzani, sous le nom de *tardigrades*, ils ont reconnu encore que c'était un groupe assez nombreux comprenant plusieurs genres très-distincts, entre autres les *macrobiotes*, qui correspondent aux tardigrades de Spallanzani, et les *émydiums*, dont la forme rappelle assez bien celle d'une tortue microscopique.

---

(1) Spallanzani, OPUSCOLI DI FISICA ANIMALE E VEGETABILE. Modena, 1776, in-8. Opuscolo IV : *Osservazioni e sperienze intorno ad alcuni prodigiosi animali, ch' è in balia dell' osservatore il farli tornare da morte a vita*, vol. II, p. 181-253.

(2) Sennebier, trad. fr. des OPUSCULES DE PHYSIQUE de Spallanzani. Genève, 1777, in-8. Introd., p. XXXVIII.

(3) Fontana, TRAITÉ SUR LE VENIN DE LA VIPÈRE, etc., Florence, 1781, in-4, t. I, p. 92.

(4) *Loc. cit.*, p. 91.

§ III. — IMPORTANCE DE LA QUESTION DES RÉVIVISCENCES.

La propriété de réviviscence n'est donc plus, comme on avait pu le croire dans l'origine, l'apanage exclusif d'un animal merveilleux; elle est le partage d'un grand nombre d'espèces douées pour la plupart d'une organisation très-complexe; et comme ces espèces diffèrent énormément les unes des autres, comme en outre plusieurs d'entre elles sont extrêmement semblables à d'autres espèces non réviviscibles, comme enfin les animaux réviviscents examinés en état d'activité ne se distinguent des animaux ordinaires par aucun caractère anatomique, physiologique ou zoologique, on est forcé de reconnaître que leur singulière propriété échappe à toute explication partielle, qu'elle sort du domaine de l'histoire naturelle pour entrer dans celui de la biologie la plus générale et la plus élevée, et qu'elle soulève le plus ardu des problèmes relatifs à l'éternelle question des rapports de la vie avec la matière.

Ainsi s'expliquent, messieurs, les longues hésitations de la science, la vivacité des controverses qui se sont élevées parmi les observateurs, et l'agitation toute récente provoquée par le débat qui vous a été soumis. Depuis l'antiquité jusqu'à l'époque actuelle deux doctrines rivales, qui portent aujourd'hui les noms de *vitalisme* et d'*organicisme*, se sont inégalement partagé les suffrages des savants. Les uns, et ce sont les plus nombreux, ont considéré la vie comme un principe d'action qui anime la matière et met en jeu les organes. Pour les autres, la vie n'est que le résultat de l'organisation, que la manifestation des propriétés de la matière organisée. S'il était vrai qu'un corps complétement desséché, qu'un cadavre entièrement privé de vie pût acquérir en s'hydratant la propriété de fonctionner, de se mouvoir, de respirer, de se nourrir, de se reproduire, pour la perdre de nouveau, et la reprendre encore plusieurs fois au gré de l'expérimentateur; — s'il était prouvé que la réviviscence fût une véritable résurrection, que l'eau, agent inerte, et l'imbibition, phénomène purement physique, eussent le pouvoir de ranimer une momie; — s'il suffisait en un mot de rétablir l'intégrité de l'organisation pour rendre à la matière une activité et une spontanéité naguère anéanties, alors, il faut bien l'avouer, c'en serait fait du principe vital, et on pourrait adopter cette définition célèbre : *la vie, c'est l'organisation en action.* Telle est, pour l'œil le moins attentif, la conséquence qui se dresse inévitablement derrière la question des réviviscences. Si un animal tout à fait mort peut revivre encore, le vitalisme est vaincu; si, au contraire, il est démontré, s'il est seulement rendu probable ou possible que cet animal, au milieu des apparences de la mort, conserve pourtant un état organique compatible avec la continuation d'une vie amoindrie, les organicistes sont privés de leur argument le plus fort, le plus direct et le plus saisissant.

Vos commissaires, chargés par vous de constater des faits et non de juger les doctrines, éviteront, messieurs, de se prononcer sur ces questions générales. Ils n'ont pas dû vous dissimuler la gravité d'un débat qui touche à de pareils sujets, mais ils vous prieront de remarquer en même temps qu'on en a singulièrement exagéré la portée. A la faveur d'une confusion de langage qui a déjà bien des fois entravé la marche de la philosophie et de la physiologie, on a pu croire que les destinées du vitalisme étaient inséparables de celles du spiritualisme, et que la négation du principe vital conduisait inévitablement à la négation de l'âme. C'était une conclusion logique pour ceux qui, professant la doctrine de l'animisme, accordaient une âme à tous les êtres vivants, et faisaient jouer à cette âme le rôle que les vitalistes assignent au principe vital. Aujourd'hui la question a changé de face : le spiritualisme moderne n'admet l'âme que dans le genre humain, et repousse toute similitude entre ce principe immatériel et la cause quelconque, dynamique ou physique, qui régit la vie de tous les êtres. On peut donc nier le principe vital sans nier l'âme, comme on peut nier celle-ci sans rejeter celui-là, et nous ne saurions trop regretter qu'au dernier siècle comme de nos jours la question des reviviscences, déjà si grave en elle-même, ait été aggravée encore par l'ombrageuse susceptibilité d'une certaine fraction de l'école spiritualiste, malentendu déplorable qui, en effrayant les uns, en ôtant aux autres la liberté de leur jugement, a créé à la science des obstacles toujours renaissants. Needham, accusé d'impiété, put se croire obligé de modifier plusieurs fois ses idées sur la reviviscence, et de concession en concession, finit par dénaturer entièrement le fait qu'il avait découvert. Fontana, plus ferme en ses opinions, ne les rétracta jamais, mais la prudence l'empêcha de publier son TRAITÉ DE LA VIE ET DE LA MORT APPARENTE DES ANIMAUX (1). « Il craint d'être excommunié, dit Dupaty : tout le pou-

---

(1) Fontana a exprimé très-nettement sa pensée dans plusieurs passages de son TRAITÉ SUR LE VENIN DE LA VIPÈRE, etc. Florence, in-4, tome I, p. 90 94 et 325. C'est à la page 92 de ce volume qu'il a annoncé la publication prochaine de son TRAITÉ DE LA VIE ET DE LA MORT DES ANIMAUX, mais il n'a jamais publié cet ouvrage. « Il se proposait encore, dit Desgenettes, de donner « un TRAITÉ SUR LA RÉSURRECTION DES ANIMAUX, et il en parlait avec complai- « sance. Ce titre avait singulièrement alarmé beaucoup d'esprits quoiqu'il « ne fût question que de la résurrection du rotifère et de quelques anguillules

voir du grand-duc ne le sauverait pas (1). » Baker ne se permit de disserter sur la réviviscence qu'après avoir mis ses idées en harmonie avec celles de l'évêque de Durham (2) et Roffredi, au moment de conclure, se réfugia dans une réticence (3). Tout récemment enfin, quelques hommes sincères croyant leur dogme menacé, ont crié au matérialisme comme si l'homme était au nombre des animaux dits ressuscitants. Disons donc bien haut que la grande controverse du spiritualisme et du matérialisme est entièrement étrangère au débat actuel, et, sûrs désormais d'être à l'abri de toute pression extérieure, exposons sans craindre de scandaliser personne, les diverses théories qui ont été invoquées pour expliquer le phénomène de la réviviscence naturelle.

§ IV. — EXPOSÉ DES THÉORIES. THÉORIE DE LA VIE LATENTE.

Citons d'abord, pour mémoire, l'opinion de ceux qui, faute d'avoir su ou voulu observer par eux-mêmes, ont simplement nié le phénomène qui nous occupe. Les uns ayant examiné le blé *ergoté* au lieu du blé *nielté*, ont déclaré que l'existence même des anguillules était fabuleuse. Les autres, ayant cru que les *anguillules de la nielle* étaient la même chose que les *anguillules de la colle*, et ayant vu que la dessiccation tuait à jamais ces dernières, ont été conduits à nier la réviviscence de toutes les anguillules. D'autres, supposant qu'il n'y avait qu'une seule espèce de rotifères (4), ont étudié les *rotifères des*

« microscopiques qu'il croyait avoir observée dans le seigle ergoté. Le rigo-« risme de Fontana, au temps du concile toscan, n'avait point assez rassuré « les fidèles contre les conclusions qu'il avait parfois tirées de l'observation « de la nature. Il est fâcheux pour les sciences d'avoir été privées de « cet ouvrage, mais il a été probablement heureux pour Fontana qu'il ne « l'ait point publié, car les hommes qui veulent éclairer les autres sont trop « souvent condamnés au sacrifice de leur repos. » BIOGRAPHIE DU DICT. DE SC. MÉD., art. *Fontana*, in-8, tome IV, p. 186. Paris, 1821.

(1) Dupaty, *Lettres sur l'Italie*, 1796, in-12, t. I, p. 112. M. Pouchet a également reproduit ce passage de Dupaty.

(2) EMPLOYMENT FOR THE MICROSCOPE, etc. 2ᵉ édit. Londres, 1764, in-8, part. I, chap. IV, p. 256, 257. (La 1ʳᵉ édition est de 1753.)

(3) « Je ne m'arrêterai pas ici à faire des comparaisons, à proposer des ré-« flexions, car tout homme qui pense aime mieux tirer ces réflexions de son « propre fonds. » Roffredi, dans le JOURNAL DE PHYSIQUE de l'abbé Rozier, t. V, p. 222.

(4) Il y a réellement plusieurs espèces de rotifères, mais les recherches récentes de M. Balbiani tendent à établir un fait déjà soupçonné par Spal-

eaux, qui ne peuvent se dessécher sans mourir définitivement (1), et ont dès lors rejeté les observations faites par Leeuwenhoek sur les *rotifères des toits*. D'autres enfin ont soutenu jusque dans notre siècle que les œufs seuls pouvaient résister à la dessiccation, et que par conséquent la prétendue réviviscence n'était autre chose que l'éclosion des œufs contenus dans le sable.

Ces diverses assertions, émises par des hommes qui n'avaient évidemment pas observé le phénomène, peuvent être écartées sans discussion. Après cette élimination sommaire, nous nous trouvons en présence de deux opinions opposées, de deux doctrines rivales auxquelles se rattachent les noms également illustres de Leeuwenhoek et de Spallanzani.

Ce sont ces deux doctrines qui viennent de se donner rendez-vous devant la Société de biologie. Celle de Leeuwenhoek, représentée aujourd'hui par M. Pouchet, proclame que la vie est un acte continu et que les animaux réviviscibles continuent à vivre au milieu des apparences de la mort. Celle de Spallanzani, dont M. Doyère a été dans notre siècle le principal promoteur, nous présente ces apparences comme une réalité et nous annonce que la réviviscence est une véritable résurrection. Nous aurons à vous les exposer l'une et l'autre, mais auparavant, pour simplifier le débat, nous devons vous parler d'une

---

lazani, savoir que les rotifères des fossés sont de la même espèce que ceux des toits. Ces derniers sont cependant les seuls qui possèdent d'une manière bien manifeste la propriété de réviviscence; lorsqu'ils séjournent continuellement dans l'eau ils la perdent en grande partie. Il paraît que le séjour dans un endroit constamment humide leur fait subir, sans changer sensiblement leur forme et leur volume, des modifications qui ne leur permettent plus de résister à la sécheresse. (Voy. Spallanzani, OPUSCULES DE PHYSIQUE ANIMALE ET VÉGÉTALE, trad. fr. Paris, 1767, in-8, t. I, p. 341.)

(1) Il n'est pas certain que les rotifères des eaux ne puissent jamais se ranimer après avoir été desséchés. On voit, dans une expérience de Roffredi, que sur 109 rotifères, cinq furent rappelés à la vie par l'humectation ; ils avaient été pris dans de la *boue* desséchée. Or il est difficile de croire que sous le nom de *boue* l'auteur ait voulu désigner le sable des tuiles et des gouttières. Il est probable d'ailleurs que le nombre des animaux ranimés eût été infiniment plus considérable si Roffredi les eût pris sur les toits. Enfin, il ajoute que toutes les fois qu'il a mis les animaux à nu sur le verre, la dessiccation les a irrévocablement tués. Tout cela s'applique bien aux rotifères des eaux. (Voy. le deuxième mémoire de Roffredi dans le JOURNAL DE PHYSIQUE de l'abbé Rozier, t. V, p. 219, 220. Paris, 1775, in-4.)

opinion mixte, soutenue à une certaine époque par Needham, et devenue le point de départ de tout ce qu'on a dit depuis sur la *vie latente*.

Lorsque Needham publia pour la première fois sa découverte (1745), il donna aux animalcules de la nielle le nom d'*anguilles* et ne se prononça pas formellement sur la nature du phénomène de la reviviscence. Ce qu'il en disait, toutefois, permettait de penser qu'il s'agissait pour lui d'une résurrection véritable, du retour de la vie dans un corps tout à fait inerte (1). Mais bientôt, effrayé sans doute de cette conclusion, il s'efforça d'en atténuer la gravité au moyen d'une singulière hypothèse. Il supposa que les anguillules n'étaient pas des animaux, mais des zoophytes, ou animaux-plantes. La classe des zoophytes, bien différente alors de ce qu'elle est devenue depuis, dans la classification de Cuvier, avait été imaginée pour soustraire la théorie de l'*âme sensitive* aux conséquences des expériences de Trembley sur les polypes d'eau douce (hydres). « Si l'âme des animaux ou cette substance qui leur donne la « vie, disait-on, est une essence indivisible, toute dans le tout, et « toute dans chaque partie, comment se peut-il donc que, dans le po- « lype, elle puisse être divisée en quarante ou cinquante parties sans « cesser cependant d'exister et de donner la vie (2)? » C'était pour tourner la difficulté sans abandonner l'âme sensitive qu'on avait admis une classe d'êtres doués de mouvements comme les animaux, et privés d'âme sensitive comme les végétaux. Needham imita cet exemple, et ne tarda pas à ranger ses anguilles parmi les zoophytes ; n'étant plus dès lors ni des animaux ni des végétaux, elles n'étaient plus tenues de se conformer aux lois qui régissaient les deux règnes. Il supposa donc que les anguilles de la nielle, nées par une espèce particulière de végétation qui disposait en filaments la substance encore tendre des grains

---

(1) Tubervill Needham, NOUVELLES OBSERVATIONS MICROSCOPIQUES, traduites de l'anglais par un anonyme. (Cet anonyme est le professeur Alleman, de Leyde). Leyde, 1747, in-12, chap. VIII. p. 104. « Si l'on suppose, dit Needham, que ces « animaux trouvent dans la terre une humidité suffisante *pour leur donner « la vie*, si je puis m'exprimer ainsi, eux ou leurs œufs, ils peuvent aisément « s'insinuer dans le jeune blé, etc. » Le correctif *si je puis m'exprimer ainsi*, n'atténue que faiblement l'énergie de l'expression qui précède, et aucun passage du même chapitre ne permet de ranger l'auteur au nombre de ceux qui repoussent l'idée d'une parfaite résurrection. Cet ouvrage avait déjà paru en anglais sous le titre de AN ACCOUNT OF SOME MICROCOSPICAL DISCOVERIES, etc. London, 1745, in-12.

(2) Baker, ESSAI SUR L'HISTOIRE NATURELLE DU POLYPE INSECTE, trad. fr. Paris, 1744, in-12, p. 332. Baker dans ce passage expose une opinion qu'il réfute plus loin.

de froment (1), possédaient une espèce particulière de vie. « Leur « vie, dit-il, n'est qu'un degré de *vitalité* au-dessus de la végétation « ordinaire des plantes. C'est pour cela.... que leur principe de vie « reste longtemps parfaitement inactif, tandis que les corps organisés « sont desséchés et qu'il entre en action dès qu'une humidité suffi- « sante met en liberté leur substance qui s'était resserrée. Ainsi, quoi- « qu'il s'élève à quelques égards au-dessus de la végétation et qu'il « devienne le premier degré de la *vitalité animale*, il a toujours une « grande analogie avec sa source immédiate, avec cette végétation « commune qui fait croître les plantes où il s'abrite en son entier dans « les graines desséchées pendant des années sans se manifester (2). » Cette théorie n'eut aucun succès. Needham l'abandonna bientôt, ou plutôt la transforma sans en abroger le principe fondamental. Assailli par une foule d'objections, il accorda que les anguillules n'étaient ni des animaux, ni des plantes, ni des zoophytes, mais seulement *une sorte d'être purement vital* privé de spontanéité; seulement il ajouta : « Le défaut de spontanéité n'exclut pas, selon moi, un vrai « principe organique intérieur de mouvement *purement matériel* que j'appelle *vitalité* (3). »

L'embarras de l'auteur devenait visible dans la suite du passage; aussi accueillit-il avec empressement la démonstration de l'animalité des anguillules, donnée par Roffredi, en 1775, dans le travail que nous avons déjà cité. « Il était très-naturel, dit il dans sa lettre à l'abbé « Rozier, de se tromper sur le nature et l'origine d'un être si singulier, « dont la vie, *renouvelée* à plaisir après un très-long et *très-parfait* « *desséchement*, était un phénomène qui n'entrait pas du tout dans

(1) Needham, NOUVELLES OBSERVATIONS MICROSCOPIQUES AVEC DES DÉCOUVERTES INTÉRESSANTES SUR LA COMPOSITION ET LA DÉCOMPOSITION DES CORPS ORGANISÉS. Paris, 1750, in-12, p. 225. Les 144 premières pages de cet ouvrage ne sont que la réimpression de la traduction publié à Leyde en 1747, par Alleman. Les 400 pages suivantes ont été écrites en français pour cette édition.

(2) *Loc. cit.*, p. 227 en note.

(3) NOUVELLES RECHERCHES SUR LES DÉCOUVERTES MICROSCOPIQUES ET LA GÉNÉRATION DES CORPS ORGANISÉS, par Spallanzani, traduit de l'italien par l'abbé Regley, avec des NOTES ET DES RECHERCHES PHYSIQUES ET MÉTAPHYSIQUES SUR LA NATURE ET LA RELIGION, par M. *de* Needham. Londres et Paris, 1769, 2 vol in-8°. Le passage cité se trouve à la page 162 du premier volume, dans la septième note de Needham sur le chap. II de Spallanzani. C'est dans cet ouvrage que Needham a soutenu que la force végétatrice avait fait sortir Ève du corps d'Adam, comme un jeune polype se détache du polype-mère.

« l'idée que les philosophes de ce temps s'étaient faite de la vitalité « animale.... L'espèce de vie dont ces vers sont doués et qui se con- « serve pendant des années *dans un état parfait d'exténuation et de* « *desséchement*, est très-singulière. Cette *vitalité*, si ferme et si dura- « ble, est une propriété qui me paraît d'une nature fort différente de la « vitalité ordinaire (1). » Needham se trouvait ainsi, après plus de trente ans, revenu à son point de départ, et dès lors il ne changea plus; mais, au milieu des oscillations continuelles de sa pensée indécise, au milieu de ses théories successives sur la nature des êtres qu'il avait découverts, il y avait deux points sur lesquels il ne s'était jamais contredit : c'étaient, d'une part, la cessation complète de la vie chez ces êtres suivant lui parfaitement desséchés ; d'une autre part, l'existence d'une vitalité particulière, différente de la vitalité ordinaire, rendue inactive par la dessiccation, mais persistant toujours dans la matière, et n'attendant pour entrer en action, c'est-à-dire pour rétablir la vie, que le concours de l'humidité. Sur ces deux points fondamentaux, la plupart de ses contemporains furent d'accord avec lui (2). La plupart de ses successeurs adoptèrent la même doctrine, qui ne s'est pas sensiblement transformée en changeant d'étiquette, et qui règne aujourd'hui dans un très-grand nombre d'esprits. Cette *vitalité* différente de la vie, qui lui survit, qui la rappelle, qui n'a pas de durée limitée, qui se maintient sans eau, sans oxygène, qui résiste à l'action du vide, et à celle d'une température capable d'anéantir toutes les existences connues, — cette vitalité, disons-nous, a maintenant changé de nom; elle s'appelle la *vie latente*, et sous ce titre illusoire les physiologistes ont déguisé leur embarras. Ce n'est pas la première fois que la science s'est ainsi payée de

---

(1) JOURNAL DE PHYSIQUE de Rozier. Paris, mars 1775, in-4°, t. V, p. 226, 227.

(2) Nous citerons en particulier ici l'opinion de Baker. Cet auteur admet que des corps parfaitement secs et durs (*perfectly dry and hard*) peuvent conserver encore leur principe vital (*their living power*), et comme dans cet état ils ne peuvent être le siége d'aucune altération spontanée, rien n'empêche qu'on puisse les ranimer au bout de vingt, quarante, cent ans, ou même au bout d'un nombre quelconque d'années. (EMPLOYMENT FOR THE MICROSCOPE, 2e édit. London, 1764, in-8°, part. II, chap. IV, p. 254, 255.) « Quelle que soit « l'essence de la vie, dit-il, elle n'est peut-être ni détruite ni endommagée par « les accidents quelconques qui peuvent atteindre les *organes* où elle agit, « ou les *corps* où elle habite. » (P. 256.) Et Baker place cette opinion sous le patronage de Butler, évêque de Durham, qui a dit dans son ANALOGY OF RELIGION TO THE CONSTITUTION AND COURSE OF NATURE, p. 21, qu'un être doué de principe vital ne peut pas plus le perdre dans la durée de son existence qu'une pierre ne pourrait l'acquérir.

mots. Celui de vie latente a été emprunté au langage des physiciens qui, pour expliquer certains phénomènes, ont admis un calorique *latent*. De même, a-t-on dit, que le calorique plus ou moins masqué existe en puissance dans tous les corps, de même la vie plus ou moins dissimulée existe en puissance dans tous les êtres qui peuvent se ranimer (1). Une théorie qui repose sur un mot a toujours plus de chances de succès et de longévité que celles qui reposent sur des faits. Les faits peuvent être discutés, analysés, vérifiés ou contredits. Mais le mot résiste à toutes les attaques; chacun l'interprète à sa guise; beaucoup même ne l'interprètent pas du tout; il leur plaît par son obscurité même; enfin, si ce mot a un double sens, il a l'avantage de servir de point de ralliement à des sentiments opposés. Le mot de vie latente possède au plus haut degré cet avantage. C'est pour les uns une vie en puissance, une vie possible, une propriété purement matérielle que certains corps organisés conservent lorsqu'ils sont desséchés; pour les autres, c'est une vie modifiée mais non suspendue, amoindrie, mais non détruite, privée de manifestation appréciable, mais bien réelle cependant. Grâce à cette équivoque, les partisans de deux doctrines inconciliables ont pu se croire d'accord, et les esprits qui reculent devant les problèmes ardus de la biologie générale ont pu se trouver à l'aise. Mais ceux qui cherchent la vérité doivent écarter toute amphibologie. Nous laisserons donc de côté la théorie illusoire de la vie latente, pour nous occuper seulement des deux grandes doctrines qui méritent seules de se partager les suffrages des physiologistes éclairés.

§ V. — LES RÉSURRECTIONNISTES ET LES ANTIRÉSURRECTIONNISTES.

Lorsqu'on voit le corps d'un animal desséché se ranimer au contact de l'eau, on ne peut faire que deux suppositions :

Ou bien l'animal était réellement mort, et l'humidité lui a rendu la vie;

Ou bien l'animal possédait encore, malgré les apparences de la mort, une vie passive sans manifestation extérieure appréciable, et bien différente sans doute de la vie ordinaire, mais permanente et continue comme celle-ci, et exigeant d'ailleurs comme elle le concours simultané de l'eau et de la matière organisée.

---

(1) Il n'est plus question aujourd'hui du calorique latent, depuis les travaux des modernes sur l'équivalent mécanique de la chaleur.

Dans le premier cas, la réviviscence est une véritable résurrection; dans le second cas ce n'est que le passage de la vie passive à la vie active.

On peut hésiter entre ces deux opinions; on peut contester la rigueur des démonstrations sur lesquelles elles s'appuient; on peut rester dans le doute en attendant des preuves plus décisives; on peut se demander même si la science possédera jamais sur ce problème une solution définitive et irrévocable. Mais il ne reste aucune place pour une troisième opinion; il n'y a pas de transaction possible, il n'y a pas de doctrine intermédiaire. « Il n'y a qu'une nature, a dit Hippocrate; être et n'être pas, μία φύσις, εἶναι καὶ μὴ εἶναι. (1) »

Quelle que soit l'explication qu'on adopte, le fait de la réviviscence reste toujours en opposition avec les phénomènes ordinaires de la vie; mais il s'en écarte beaucoup plus si l'on accepte la première opinion que si l'on accepte la seconde. Il est donc naturel que celle-ci doive se présenter tout d'abord à l'esprit de l'observateur. Il est naturel encore qu'elle ait régné avant l'autre dans la science, et que ses adhérents aient usé de leur droit de priorité, en exigeant de leurs adversaires des démonstrations rigoureuses là où ils ne pouvaient eux-mêmes, dans l'origine, fournir que des assertions.

Ils ont donc émis la proposition suivante : le corps de l'animal réviviscible sera réputé vivant jusqu'à ce qu'on ait démontré qu'il ne l'est pas.

En logique absolue, ce n'est pas ainsi sans doute qu'il eût fallu procéder. Il aurait fallu dire, au contraire, le corps d'un animal qui paraît mort, et qui ne manifeste à nos sens aucune action vitale, sera réputé mort jusqu'à ce qu'on ait démontré qu'il est vivant.

Mais ce n'est pas ainsi que la question a été posée. Les résurrectionnistes ont dû accepter la situation qui leur était faite, et entreprendre de prouver par l'expérimentation physiologique, non-seulement 1° qu'il n'y a pas de vie *appréciable* et *démontrable* dans les corps inertes des animaux réviviscibles, mais encore 2° que ces corps conservent leur propriété de réviviscence dans des conditions *absolument incompatibles avec toute espèce de vie.*

Le premier point était d'autant plus facile à établir qu'il n'était pas sérieusement contesté. Il est clair, en effet, qu'un rotifère desséché à l'air libre sur une plaque de verre, depuis quelques heures seulement, ne présente plus aucun des caractères sensibles de la vie. Il est entiè-

---

(1) ΠΕΡΙ ΤΡΟΦΗΣ, δ'.

rement immobile, et sa transparence permet même de reconnaître qu'il ne s'effectue aucun mouvement partiel dans la profondeur de ses organes. Il ne répond à aucune excitation, il n'exécute aucune fonction. Il ne respire pas, puisqu'on peut le placer longtemps dans le vide sans lui ôter sa propriété de reviviscence; il ne se nourrit pas non plus puisqu'il n'est en contact avec aucune matière organique; enfin il peut se ranimer après être resté dans cet état d'inertie pendant un temps indéfini, ou du moins infiniment supérieur à la plus longue durée possible de la vie effective chez les animaux de son espèce; de telle sorte que le temps pour ainsi dire n'existe pas pour lui, et qu'il se trouve en dehors de cette loi générale qui a fixé une durée limitée à la vie de tous les animaux.

Les antirésurrectionnistes ont admis tous ces faits, mais ils ont répondu que la vie a ses degrés d'activité; qu'elle peut s'atténuer sans s'éteindre; qu'au-dessous de la vie parfaite, de la vie supérieure caractérisée par la sensibilité, le mouvement, la spontanéité et par l'exercice simultané de toutes les fonctions, il y a des états de vie où certaines fonctions, même les plus importantes, peuvent être ou paraître entièrement suspendues. La syncope, la léthargie, l'asphyxie, l'hibernation, le sommeil prolongé de la chrysalide, l'état du crapaud emprisonné dans le plâtre, et enfin celui des animaux congelés, montrent les divers degrés de cette série décroissante où l'on voit toutes les fonctions de la vie disparaître tour à tour ou plusieurs à la fois sans que pour cela la vie elle-même soit nécessairement interrompue. L'état de l'animal desséché et reviviscible occupe le dernier degré de la série. C'est la vie réduite à son minimum, mais c'est encore la vie. La dessiccation n'est qu'apparente; il reste toujours dans les corps reviviscibles une certaine quantité d'eau qui a échappé à l'évaporation Les organes, dont l'activité a cessé d'être appréciable, n'ont plus besoin, pour se maintenir, du jeu incessant de la respiration et de la nutrition; ne faisant aucune perte, ils n'ont rien à réparer. L'animal dont l'existence est amoindrie à ce point reste donc en dehors des conditions qui assignent à la vie ordinaire une durée déterminée, et l'on conçoit ainsi qu'il puisse, dans cet état d'inertie apparente, dépasser indéfiniment les limites de la longévité dévolue par la nature aux êtres de son espèce.

Telles sont, messieurs, les deux interprétations opposées qu'on a données du phénomène de la reviviscence naturelle, et si l'on restait sur ce terrain, on ne serait pas près de s'entendre Les résurrectionistes ont donc été conduits à chercher dans les conditions artificielles l'expérimentation des preuves plus catégoriques; pour cela ils se sont efforcés de démontrer qu'on peut soumettre les animaux réviviscents à des épreuves incompatibles avec la continuation de la vie, sans leur ôter pour cela la propriété de se ranimer ensuite au contact de l'eau.

Il s'agissait avant tout, dans cette nouvelle phase du débat, de prendre un point de départ accepté par tout le monde, de déterminer d'avance une ou plusieurs conditions considérées d'un commun accord comme indispensables au maintien de la vie, et de placer ensuite les animaux réviviscibles en dehors de ces conditions. Or tous les physiologistes s'accordent à reconnaître qu'il n'y a pas de vie possible sans une certaine quantité d'eau, ni au-dessus d'une certaine température. Il fallait donc prouver que la propriété de réviviscence résistait soit à cette température, soit à la dessiccation artificielle. A ce prix seulement les résurrectionnistes pouvaient espérer de convaincre leurs adversaires.

De là deux séries d'épreuves : épreuve des températures élevées, épreuve de la dessiccation artificielle.

L'épreuve des températures élevées paraît au premier coup d'œil la plus concluante et la plus décisive. Soumettre le corps d'un animal à un degré de chaleur qui le tuerait infailliblement s'il était vivant, et constater que malgré cela il peut conserver encore sa propriété de réviviscence, n'est-ce pas démontrer que cette propriété purement matérielle est indépendante de la vie?

Mais il reste une difficulté : c'est de déterminer le degré de température incompatible avec la vie de l'animal que l'on considère, et cette difficulté est plus grande qu'on ne pourrait le croire tout d'abord.

Tous les animaux, en effet, ne sont pas également doués sous le rapport de la résistance aux variations de la chaleur. Telle espèce vit normalement dans un milieu dont la température tuerait promptement la plupart des autres. Certains animaux périssent au-dessous même de 40° centigrades. Presque tous meurent entre 40° et 45°; quelques-uns, et les rotifères sont du nombre, peuvent, sans mourir, supporter jusqu'à 50° de chaleur *humide*. On dit enfin, et la chose est croyable, quoique trop imparfaitement établie pour être admise sans réserve, on dit que certaines sources thermales dont la température est supérieure à 50° renferment des animaux vivants. Il n'y a donc aucun terme *précis* et général qu'on puisse fixer comme la limite des températures compatibles avec la vie, puisque cette limite varie considérablement suivant les espèces.

Pour sortir de cette difficulté, Spallanzani imagina un procédé plus simple que rigoureux. Il prit des rotifères vivants, les chauffa graduellement dans l'eau où ils nageaient, et reconnut, ou crut reconnaître, qu'ils mouraient alors sans retour à la température de 45° centigrades. Il se trompait de 5° (1) ; ce n'était qu'une erreur sans importance. Prenant alors des rotifères desséchés dans le sable, il put les chauffer jusqu'à 70° avant de leur enlever la propriété de réviviscence; il se trompait encore de 10°, car les rotifères chauffés dans ces conditions résistent fort bien jusqu'à 80°. Mais cette erreur, pas plus que l'autre, ne portait atteinte au résultat général de l'expérience. Il était clair qu'il y avait une différence très-considérable entre la température qui tuait les rotifères en pleine activité et celle qui ôtait au corps de ces animaux, préalablement desséchés, la propriété de se ranimer au contact de l'eau. Spallanzani crut pouvoir en conclure que la vie des rotifères était incompatible avec une température supérieure à 45°, et que ceux qui revivaient après avoir supporté une chaleur beaucoup plus forte, passaient réellement de la mort à la vie.

Mais ce procédé expérimental donne prise à une objection sérieuse. Les adversaires de la doctrine des résurrections n'ont jamais prétendu que la vie des animaux desséchés fût soumise aux mêmes conditions que la vie active ordinaire. Ce qui détruit l'une peut épargner l'autre, et de même que les chrysalides supportent des degrés de froid et de chaud qui tueraient la chenille ou le papillon, de même, le rotifère, desséché dans le sable, peut acquérir dans cet état, voisin de l'inertie, des immunités particulières. Le raisonnement de Spallanzani n'était donc pas sans réplique, puisque le point de départ de son expérience était sujet à contestation, et si l'on veut donner à l'épreuve des températures élevées une signification rigoureuse, il faut partir d'une autre donnée.

La chimie organique, qui était inconnue au temps de Spallanzani, nous enseigne que tous les animaux dont on a pu analyser les humeurs renferment de l'albumine dissoute. Celle-ci se coagule vers 65° centigr., et il est clair qu'un corps dont les humeurs sont coagulées est irrévocablement privé de vie. Il paraît donc résulter de là qu'une température de 65°, prolongée assez longtemps pour pénétrer dans tous les

---

(1) Les rotifères chauffés dans l'eau entre 45 et 50° centigr. paraissent morts ; ils sont gonflés, allongés et immobiles, mais au bout de quelques heures ou de quelques jours, un certain nombre d'entre eux reprennent leur activité. Spallanzani n'ayant pas attendu assez longtemps les crut morts. L'erreur était excusable, et elle était d'ailleurs sans gravité, car elle n'était que de cinq degrés. Au delà de 50°, en effet, les rotifères plongés dans l'eau meurent tous, sans exception, et définitivement. (Voy. Gavarret, EXPÉRIENCES SUR LES ROTIFÈRES, LES TARDIGRADES ET LES ANGUILLULES dans ANNALES DES SCIENCES NATURELLES, 4e série, t. XI, cahier n° 5. Paris, 1859, in-8, tirage à part, p. 11.)

organes, doit mettre à mort tous les êtres qui renferment de l'albumine en dissolution ; il paraît en résulter encore qu'un corps chauffé au delà de cette température est réellement mort, et que s'il se ranime ensuite c'est une véritable résurrection.

La limite de 65° semble donc, au premier abord, propre à servir de base à l'épreuve des températures élevées.

Mais les antirésurrectionistes ont ici deux objections à faire valoir :

En premier lieu, la température où se coagule l'albumine n'est pas une température fixe. Diverses conditions dépendant, les unes du degré de concentration de la solution albumineuse, les autres de la nature des substances qui s'y trouvent mêlées, les autres enfin de la nature même de la substance albumineuse (car il y a plusieurs espèces d'albumine). — diverses conditions, disons-nous, peuvent rendre la coagulation plus tardive ou plus prompte. Celle-ci peut avoir lieu déjà à 60°, ou être retardée jusqu'à 75°. Cette objection n'a qu'une valeur relative. On y échapperait en prenant la température de 75° comme la limite des températures compatibles avec la vie.

Mais la seconde objection est capitale. Le corps des animaux réviviscents échappe par sa petitesse à l'analyse chimique. Personne n'a donc pu y constater la présence de l'albumine. Qui sait si la propriété de résistance à la chaleur, dévolue à ces animaux, ne viendrait pas de ce qu'ils diffèrent des autres précisément par l'absence de toute matière coagulable ? Cette supposition acquiert quelque valeur lorsqu'on songe que l'albumine desséchée cesse d'être susceptible de se dissoudre de nouveau lorsqu'on la soumet à une température bien inférieure à 100°.

Nous aurons à examiner plus loin cette dernière assertion, lorsque nous nous occuperons de la théorie des réviviscences ; nous dirons alors que des précautions très-semblables à celles qu'il faut prendre pour chauffer impunément les rotifères, permettent de conserver à l'albumine sèche sa solubilité, sous des températures égales ou supérieures à 100°. Mais l'objection n'en persiste pas moins tout entière. La présence de l'albumine dans le corps des animaux réviviscents n'est qu'une chose très-probable ; ce n'est pas une chose démontrée. La température de 65°, ou si l'on veut celle de 75°, qui doit nécessairement tuer tous les êtres dont les humeurs sont albumineuses ne saurait donc être considérée irrévocablement comme la limite universelle de la vie animale, et il ne suffit pas d'avoir chauffé un rotifère au delà de cette température pour être en droit d'affirmer qu'il est nécessairement mort.

Quel sera donc le point de départ de l'épreuve des températures élevées ? S'il ne suffit ni de chauffer le corps d'un animal réviviscible jusqu'à la limite particulière où l'expérience montre qu'il périt sans retour lorsqu'il est en pleine activité dans l'eau, ni de le chauffer jusqu'à la limite générale où l'albumine liquide se coagule, jusqu'à quel degré de température faudra-t-il donc le porter pour s'assurer qu'il est bien mort? Faudra-t-il aller jusqu'à 70, jusqu'à 80, jusqu'à 100°. Il n'y a absolument aucune raison physique, chimique et physiologique pour choisir l'une de ces limites de préférence aux autres. On a choisi d'un commun accord le terme de 100°; c'est une réminiscence des expériences de l'hétérogénie.

Lorsqu'on veut tuer tous les germes contenus dans une infusion, on chauffe le liquide jusqu'à l'ébullition, parce que c'est commode et facile. Pour le chauffer davantage, il faudrait compliquer l'expérience, et ce serait tout à fait inutile puisque tout ce qui a vie périt dans l'eau bien avant 100°. Pour le maintenir, avec quelque précision, à une température moins élevée, il faudrait prendre des précautions particulières et ce serait tout aussi inutile, puisqu'on se propose de détruire les germes et non de les ménager. Voilà pourquoi, dans les expériences relatives à la question des générations spontanées, on fait bouillir le liquide des infusions. Mais de croire qu'il y ait un rapport quelconque entre les conditions de la vie et ce fait que, sur notre planète et au niveau de la mer, l'eau bout à 100°, c'est ce qui ne peut venir à l'idée de personne. C'est donc faute d'y avoir suffisamment réfléchi qu'on a choisi, dans la question des reviviscences, la limite de 100° comme celle où la vie doit s'éteindre, et si un animal reste vivant jusqu'à 80°, il n'y a aucune raison théorique pour qu'il ne puisse vivre encore à 100°, à 110° et même au delà.

Il résulte de cette longue discussion, messieurs, que l'épreuve des températures élevées considérée en elle-même, abstraction faite des rapports qu'elle peut avoir avec le desséchement des animaux, ne saurait, dans l'état actuel de la science, reposer sur une base inattaquable; mais elle acquiert une importance considérable lorsqu'on la fait intervenir, comme l'a fait M. Doyère dans l'épreuve décisive de la dessiccation artificielle dont nous allons maintenant nous occuper.

§ VI. — VALEUR DE L'ÉPREUVE DE LA DESSICCATION ARTIFICIELLE.

S'il était démontré qu'un animal complétement desséché peut se ranimer en s'imbibant d'eau, la question des résurrections serait définitivement et affirmativement résolue. La vie exige nécessairement le concours simultané de l'eau et de la matière organisée; elle est anéantie aussi complétement par l'évaporation de l'une que par la putréfaction de l'autre. « Je ne connais, dit Fontana, que deux états dans l'a-« nimal qui puissent nous rendre certains qu'il est vraiment mort : « l'un est la putréfaction totale de ses organes, l'autre est le dessèche-« ment absolu de ses humeurs. Le premier ôte la possibilité de toute « fonction animale ; le second détruit tout principe de mouvement.

« Le dessèchement total des parties fluides et solides non-seulement « empêche l'usage des organes, mais il amène jusqu'à l'immobilité ab-« solue dans toutes les parties. Un animal dans cet état de dessèche-« ment total des parties, d'immobilité d'organes, est certainement mort « selon moi, et il doit l'être pour tout le monde ; autrement nous se-« rions exposés à un pyrrhonisme capricieux et déraisonnable. Un « poisson, par exemple, séché au soleil ou dans les étuves pendant « vingt ans de suite et rendu plus dur que du bois, passerait encore « pour vivant. J'avoue que je ne peux concevoir de vie sans action, « ni d'action sans mouvement, ni de mouvement organique lorsque « les organes sont desséchés. Cet état est donc pour moi l'état de « mort (1). »

Fontana était partisan de la doctrine des résurrections, et lorsqu'il s'exprimait ainsi, il se croyait bien sûr d'avoir ranimé des rotifères parvenus à une dessiccation absolue. « J'en ai mis *un*, dit-il ailleurs, « sur une lame de verre que j'ai exposée tout un été au grand soleil ; « il s'y est tellement desséché qu'il est devenu semblable à une goutte « de colle aride, cependant il n'a fallu que quelques gouttes d'eau pour « lui rendre le mouvement et la vie (2). » Les adversaires de sa doctrine ont mis en doute l'exactitude de cette expérience. Ils ont soutenu que l'animal, malgré les apparences, n'était pas complétement sec ; mais aucun d'eux n'a élevé la moindre contestation sur la vérité des principes exposés avec tant de netteté par le physiologiste de Florence. Tous ont reconnu que l'état de siccité absolue est un état de mort absolue. « La dessiccation tue infailliblement les rotifères, dit Ru-« dolphi, et leur résurrection est une pure fable qu'on répète l'un après « l'autre. La dessiccation détruit toute organisation (3). » « Une dessic-« cation absolue tue irrévocablement l'animal, » dit Dugès (4). « Si « quelques observateurs, dit Bory de Saint-Vincent, ont cru faire reve-« nir des animalcules en les remouillant, c'est parce qu'il était resté

---

(1) Fontana. TRAITÉ SUR LE VENIN DE LA VIPÈRE, SUR LES POISONS AMÉRICAINS, etc. Florence, 1781, in-4°, t. I, p. 325. (Cet ouvrage a été écrit en français.)

(2) *Loc. cit.*, p. 92.

(3) Rudolphi, GRUNDNISS DER PHYSIOLOGIE. Berlin, 1821, Bd I. s. 285, in-8°.

(4) Dugès, PHYSIOLOGIE COMPARÉE. Montpellier, 1838, in-8°, t. I, p. 37.

« assez d'humidité dans ces animaux ou autour d'eux pour qu'ils ne « fussent pas morts tout de bon (1). » « Il est nécessaire, dit Ehrenberg, « que les anguillules soient protégées contre l'évaporation par une « couche de mucus, et les rotifères par une couche de sable (pour « qu'ils puissent se ranimer). La dessication véritable produit la « mort (2). » Enfin MM. Pouchet, Pennetier et Tinel ont admis également, dans les mémoires qu'ils ont soumis à l'appréciation de la Société de biologie, qu'un animal absolument desséché est irrévocablement mort, et M. Pouchet, dans ses écrits ultérieurs, a plusieurs fois répété sous diverses formes, que la vie est impossible sans eau (3).

Nous avons cru, messieurs, devoir multiplier les citations pour vous montrer que tous les physiologistes qui ont écrit pour ou contre les résurrections se sont trouvés ici parfaitement d'accord, et que tous, malgré la différence de leurs points de vue, ont admis, comme un axiome biologique incontestable. que la dessiccation complète est l'indice certain d'une mort complète. Cet axiome pourra donc servir de point de départ à des expériences dont il y aura lieu sans doute de discuter l'exactitude, mais dont personne ne contestera la signification, si elles sont une fois reconnues exactes.

Toutefois, si l'on est d'accord sur le principe, on est loin de s'entendre sur l'application qu'il faut en faire. Lorsqu'un animal arrive à la siccité absolue, la mort est désormais un fait accompli; mais dans l'évaporation graduelle qui le conduit à cet état, quel est le moment où la vie l'abandonne? Est-ce l'instant précis où la dernière molécule d'eau s'évapore? est-ce celui où les organes, quoique encore très-légèrement hydratés, sont arrivés à un degré de dureté et de solidité qui s'oppose à toute espèce de mouvement? En d'autres termes, il faut de l'eau pour maintenir la vie, mais suffit-il qu'il y en ait une parcelle quelconque, ou bien y a-t-il une limite au-dessous de laquelle le peu d'humidité qui reste ne peut plus empêcher l'animal de périr? Soit qu'on réfléchisse sur ce phénomène en particulier, soit qu'on le confronte avec les autres phénomènes physiques, chimiques ou organiques qui accompagnent les autres genres de mort, à la soustraction de

---

(1) Art. *Vibrion* de l'Encyclopédie méthodique. Paris, 1824, in-4, ZOOPHYTES, t. II, p. 775.

(2) Chr. Gott. Ehrenberg, DIE INFUSIONSTHIERCHEN ALS VOLLKOMMENE ORGANISMEN. Leipzig, 1838, grand in-fol., p. 495.

(3) Voy. en particulier la cinquième conclusion du mémoire de M. Pouchet SUR LES ANIMAUX RESSUSCITANTS. Paris, 1859, in-8°, p. 87. « La dessiccation « complète, absolue, c'est la mort absolue. »

l'oxygène qui entraîne la mort par asphyxie, à la suppression des aliments qui produit la mort par inanition, on est conduit à penser que la mort par dessiccation doit arriver avant la dessiccation complète, comme la mort par asphyxie arrive avant la désoxygénation absolue, comme la mort par inanition arrive avant que les liquides nourriciers soient entièrement privés de principes nutritifs. Cette opinion, qui est celle des résurrectionistes, a été partagée aussi par leurs principaux adversaires, et c'est ce que va nous montrer l'exposé des explications émises par ces derniers pour rendre compte de la conservation de la vie chez des animaux en apparence desséchés.

Leeuwenhoek assista plus d'une fois aux phénomènes curieux qui accompagnent l'évaporation graduelle de l'eau où nagent les rotifères. « Hunc vero comperi, dit-il, ubi omnis fere exhalaverat aqua, adeo « ut animalculum sese non amplius aquæ immergere, atque in eâ cir« cumvolvere posset, tunc sese componere in figuram ovalem, atque « eo in statu remanere; nec animadvertere potui humores ex talis « animalculi corpore exhalare, figuram enim ovalem *atque rotundam* « illæsam servabat (1). »

Ainsi, l'animal, une fois roulé en boule ovalaire, conservait ensuite sa forme et ses dimensions, y compris son épaisseur. Leeuwenhoek, en s'exprimant ainsi, avait sous les yeux des rotifères conservés à sec depuis cinq mois entiers. Il supposa donc que la peau des rotifères devenait comparable à l'enveloppe dure et imperméable des œufs de papillon. «... Pariter horum animalculorum cuticulas ex tam solidâ « conflatas esse materiâ, ut, ne minimam quidem permittant exhala« tionem. *Quod si sese aliter haberet*, asserere non vereor, hæc ani« malcula, cœlo admodum arido, omni aquâ destituta, *necessario om« nia esse emoritura* (2). » On pouvait objecter, contre cette explication, qu'une enveloppe imperméable de dedans en dehors devait l'être aussi de dehors en dedans, et que l'animal plongé dans l'eau au bout de quelques mois, aurait dû rester insensible au contact de ce liquide. Leeuwenhoek prévit sans doute l'objection, et parut croire que l'intervention de l'activité de l'animal n'était pas étrangère à la rentrée de l'eau.

« Lorsque la terre se dessèche, dit-il dans une lettre datée du 3 no« vembre 1703, ils se contractent en figure ovalaire, et les pores de leur

(1) Ant. a Leeuwenhoek, EPISTOLÆ AD SOCIETATEM REGIAM ANGLICAM, SEU CONTINUATIO ARCANORUM NATURÆ. Lugd. Batav., 1719, in 4°. Epist. 144, p. 388. La lettre est datée du 8 février 1702.

(2) Pages 389-390.

« peau sont si bien fermés qu'ils ne respirent plus du tout : c'est ainsi « qu'ils se conservent jusqu'à ce qu'il pleuve; alors *ils ouvrent leurs corps* « et jouissent de l'humidité. » *The pores of their skin are so well closed that they do not perspire at all, whereby they preserve themselves till it rains, upon which they open their bodies and enjoy moisture* (1). Dans une troisième et dernière lettre, qui ne figure pas plus que la précédente dans la collection de ses œuvres, l'illustre micrographe hollandais revint encore une fois sur la surprenante propriété des rotifères, qu'il avait vu revivre après plus de vingt et un mois de dessiccation. « Quand il ne resta plus d'eau, dit-il, ils se fermèrent en figure globulaire, *they closed themselves up in a globular figure*... Au bout de « deux jours je versai un peu d'eau dans le tube, et après une demi-heure « environ, *ils commencèrent à ouvrir et à étendre* leurs corps, *they* « *began to open and extend their bodies.* »

Il est permis de croire, d'après ces citations, que Leeuwenhoek n'attribuait pas l'humectation du rotifère à un phénomène d'imbibition pure et simple; cet animal, suivant lui, fermait son corps pour échapper à la sécheresse extérieure, et le rouvrait pour jouir de l'humidité. Cela supposait non-seulement qu'il conservait toujours une certaine quantité d'eau, mais encore qu'il en conservait une quantité très-notable, si même il ne la conservait toute; ses muscles ne perdaient ainsi ni leur souplesse ni leur contractilité volontaire, de telle sorte qu'on ne pouvait pas même lui appliquer ce vers du poëte latin :

Vivit, et est vitæ nescius ipse suæ.

M. Ehrenberg a renchéri encore sur l'opinion de Leeuwenhoek. « Le sable et la mousse, dit-il, garantissent aussi bien les animalcules « contre la dessiccation qu'un épais manteau de laine garantit l'Arabe « de la chaleur brûlante du soleil..... Leur vie n'est pas interrompue; « ils continuent à remplir leurs fonctions et à se reproduire de telle « sorte que les rotifères et les tardigrades que faisait admirer M. Schulte « dans son sable n'étaient que les arrière-petits-enfants de ceux qu'il « avait recueillis quatre ans auparavant (2). »

---

(1) Ant. a Leeuwenhoeck, A LETTER CONCERNING THE WORMS OBSERVED IN SHEEPS-LIVERS, AND PASTURE GROUND, dans PHILOSOPHICAL TRANSACTIONS, n° 289. 1704, vol. XXIV, p. 1527.

(2) A LETTER CONCERNING ANIMALCULA ON THE ROOT OF DUCK-WEED, dans PHILOSOPHICAL TRANSACTIONS, n° 295. 1705, vol. XXIV, p. 1784 et suivantes.

(3) Ehrenberg. DIE INFUSIONSTHIERCHEN, p. 495 et 494.

Bory de Saint-Vincent admet que le rotifère en état de mort apparente continue encore à respirer. « On doit deviner, par tout ce que « nous avons dit de leur cœur et de leurs branchies, qu'il n'y a pas plus « en eux possibilité de résurrection après la mort que chez tout autre « animal *où la respiration est une condition indispensable d'exis-« tence* (1). »

M. Pouchet, muni d'instruments plus puissants que ceux de Leeuwenhoek, et meilleur observateur en cela qu'Ehrenberg et Bory de Saint-Vincent, n'a pas pu partager les illusions de ces savants sur la quantité d'eau que conserveraient dans leurs organes les animaux réviviscibles, et sur les fonctions actives qu'ils accompliraient encore dans leur état de mort apparente. Il admet que chez ces animaux les fonctions vitales sont en grande partie suspendues et qu'il ne reste dans leur corps qu'une très-petite parcelle d'humidité; mais il ne pense pas pour cela que la vie doive se maintenir jusqu'à l'évaporation de la dernière molécule d'eau. « Plus la dessiccation est poussée loin, dit-« il, plus la prétendue faculté de réviviscence s'anéantit rapidement. « On peut obtenir ce résultat par plusieurs moyens, *car la dessiccation « absolue n'est pas même essentielle pour l'atteindre* (2). »

Ainsi donc, messieurs, tous les savants qui ont combattu d'une manière sérieuse la doctrine des résurrections ont admis directement ou indirectement que les animaux réviviscibles meurent avant le degré de dessiccation qui constitue, pour les physiciens, la siccité absolue. Il suffit pour les tuer d'une siccité relative, comparable, par exemple, à celle du bois mort, qui, desséché naturellement, soit à l'ombre, soit au soleil, retient pourtant encore une certaine quantité d'eau hygroscopique, et ne peut en être entièrement dépouillé que par des moyens artificiels. Soumis à une évaporation progressive, l'animal périt tout à fait à une limite indéterminée sans doute, mais qu'on sait située du moins à une certaine distance du terme définitif de la dessiccation. Si l'on procède à l'expérience avec une grande lenteur, il s'écoule toujours un temps assez long entre le moment de la mort et celui du dessèchement parfait, et si l'on compare par la pensée l'animal qui

---

(1) Bory de Saint-Vincent, art. ROTIFÈRE du DICTIONNAIRE CLASSIQUE D'HISTOIRE NATURELLE, t. XIV, p. 683. Paris, 1828, in-8°. Lorsque Bory écrivait ces lignes, il y avait longtemps déjà qu'on savait que le prétendu cœur des rotifères n'est qu'un sac contractile qui fait partie de l'appareil digestif.

(2) Pouchet, ACTES DU MUSÉUM D'HISTOIRE NATURELLE DE ROUEN. NOUVELLES EXPÉRIENCES SUR LES ANIMAUX PSEUDO-RESSUSCITANTS. Rouen, 1860, grand in-8°, p. 8.

vient d'expirer, par suite de la soustraction graduelle de l'eau, avec celui qui est absolument sec, on est conduit à admettre entre ces deux degrés de dessiccation un grand nombre de degrés intermédiaires. En d'autres termes, la quantité d'eau qui suffit pour le maintien de la vie, quelque faible qu'on la suppose, n'est pas indéfiniment voisine de zéro; elle n'est pas plus petite que toute quantité donnée, elle n'est pas ce qu'on appelle, dans les sciences exactes, *un infiniment petit.* Elle constitue une certaine fraction du poids total du corps de l'animal, et ce rapport pourrait être exprimé en chiffres si l'animal lui-même n'était pas trop petit pour être pesé dans nos balances. Nous avons dû insister sur ce point, afin de mettre l'épreuve de la dessiccation artificielle à l'abri d'une objection spécieuse. Pour dessécher sûrement les matières organiques sans les décomposer, on ne possède que deux moyens : l'action prolongée du vide sec et le chauffage dans un courant d'air sec à une température modérée. On reconnaît que la matière soumise à l'un ou l'autre de ces procédés est parvenue au terme de la dessiccation *possible* lorsqu'elle cesse de perdre de son poids. Mais il y a une limite à la sensibilité des balances les plus délicates, et, quelque considérable que soit le poids de la substance employée, on peut toujours concevoir une fraction plus petite que celle qui exprime la dernière déperdition pondérable; on ne peut donc pas affirmer que la dessiccation possible soit une dessiccation absolue, on peut dire seulement qu'elle en approche indéfiniment. De là est venue une objection à laquelle nous devons répondre à l'avance. On a dit que, puisque la dessiccation absolue n'était pas chose démontrable, on ne pouvait jamais être certain d'avoir rendu exactement sec un rotifère soumis à un procédé quelconque de dessèchement, et que, s'il se ranimait ensuite, c'était bien la preuve qu'il n'avait pas perdu toute son eau. C'est une manière commode d'arranger les choses pour que l'expérience de la dessiccation soit concluante si elle tue l'animal sans retour, et de nulle valeur si elle ne l'empêche pas de se ranimer, bonne à invoquer contre les résurrectionnistes si elle dépose contre eux, et pourtant incapable de leur fournir une preuve si elle répond en leur faveur. Ce n'est pas ainsi, messieurs, qu'on doit raisonner quand on cherche sincèrement la vérité avec un esprit libre d'idées préconçues. M. Pouchet, que nous ne confondons pas avec ces adversaires aveugles de la doctrine des résurrections, a parfaitement compris que de semblables arguties n'étaient pas faites pour la science sérieuse. Il a loyalement et spontanément déclaré que l'épreuve de la dessiccation aurait à ses yeux une valeur décisive, pourvu qu'elle fût faite dans des conditions propres à en assurer l'exactitude. Cette déclaration, qu'il a de son propre mouvement déposée entre nos mains, nous l'avons acceptée malgré nous, parce qu'elle nous paraissait inutile de la part d'un savant dont le caractère et la bonne foi scientifiques sont au-dessus de tout soupçon. Ce n'est donc ni à lui ni à ses honorables disciples que peuvent s'adresser les remarques précédentes. Elles nous ont paru nécessaires toutefois pour dissiper les doutes que quelques esprits trop difficiles ont pu concevoir sur la signification et la portée de l'épreuve de la dessiccation. Nous avons dû vous montrer que, de l'assentiment unanime de tous les savants qui ont étudié la question, la proportion d'eau nécessaire à la vie n'est pas un infiniment petit, qu'elle est notablement supérieure à la proportion impondérable et hypothétique que les procédés rigoureux de dessiccation laissent *peut-être* dans la matière organique, et qu'un animal soumis à ces procédés rigoureux meurt nécessairement avant même d'être parvenu à ce qu'on appelle, dans l'état actuel de la science, le dessèchement complet.

C'est ainsi, messieurs, que la grande et complexe question des réviviscences se trouve ramenée à des termes aussi simples que précis, et que le débat se trouve concentré sur un seul point.

Un corps desséché aussi complétement que possible par des moyens artificiels est-il privé de vie? — Oui, répondent d'une commune voix les biologistes des deux camps.

Mais ce corps, hydraté de nouveau, peut-il reprendre la vie qu'il a perdue? C'est ici que surgit la controverse.

M. Doyère nous dit : Lorsque l'expérience est faite avec les précautions convenables, lorsqu'on procède d'abord à la dessiccation, puis à l'humectation avec assez de lenteur et de circonspection, le corps le plus desséché peut conserver encore sa propriété de réviviscence.

MM. Pouchet, Pennetier et Tinel nous disent au contraire : Aucune précaution expérimentale ne peut soustraire un animal aux conséquences ordinaires de la dessiccation, et lorsqu'une fois il est bien desséché, rien désormais ne peut lui rendre la vie.

Le problème se trouve donc dégagé du cortége de raisonnements et de subtilités qui en avaient jusqu'ici reculé la solution. Il passe du domaine de la théorie dans celui de l'expérimentation pure et simple, et il ne s'agit plus que de savoir si *un animal, soumis d'une manière rigoureuse à l'épreuve de la dessiccation, est susceptible ou non de se ranimer au contact de l'eau.*

Nous aurons maintenant, messieurs, à vous exposer successivement : 1° les expériences de M. Doyère ; 2° celles de M. Pouchet ; 3° celles de la commission que vous avez instituée.

Ce sera l'objet de la seconde partie de ce rapport.

DEUXIÈME PARTIE.

§ I. — EXPÉRIENCES DE M. DOYÈRE.

C'est à M. Doyère que revient l'honneur d'avoir institué le premier les expériences relatives à l'épreuve de la dessiccation artificielle. C'est lui qui, le premier, a employé le vide et la chaleur dans le but de faire subir aux animaux réviviscents un desséchement plus complet que celui qui s'effectue à l'air libre. On a pu méconnaître l'originalité de cette série d'expériences, parce que Spallanzani avait déjà soumis les rotifères à l'action du vide et à celle des températures élevées. Mais le physiologiste italien, en agissant ainsi, ne se proposait pas de dessécher les animaux; il voulait montrer seulement que la propriété de réviviscence persistait dans le vide, et dans des étuves chauffées jusqu'à 70°, c'est-à-dire dans des conditions qu'il jugeait incompatibles avec la vie.

Pour M. Doyère, au contraire, le vide et la chaleur n'ont été que des moyens de dessiccation, et ses expériences ont acquis ainsi une signification et une portée toutes nouvelles.

Chacun sait que l'évaporation est nulle dans un air parfaitement saturé d'humidité, et qu'elle s'effectue avec d'autant plus de facilité que l'air ambiant est plus sec. L'état hygrométrique des substances organiques varie donc suivant l'état hygrométrique de l'atmosphère. Il en résulte que la dessiccation à l'air libre manque de constance et de précision, puisque d'un moment à l'autre la proportion de vapeur d'eau contenue dans l'air peut augmenter ou diminuer. La première condition nécessaire pour obtenir une dessiccation méthodique est de mettre la substance employée à l'abri des variations atmosphériques.

Si l'on se contentait de renfermer la substance sous une cloche exactement lutée, on n'obtiendrait qu'une dessiccation très-imparfaite, quand même la cloche serait très-grande, et quand même l'air qu'on y confinerait serait très-sec. L'évaporation commencerait sans doute, mais elle ne tarderait pas à s'arrêter, l'air confiné devenant de plus en plus humide. Pour obvier à cet inconvénient, on place sous la cloche une substance avide d'eau telle que l'acide sulfurique concentré, la chaux vive ou le chlorure de calcium. Cet appareil porte le nom de *cloche sèche*. La *cloche humide*, au contraire, est celle où l'on a introduit une quantité d'eau supérieure à celle qui est nécessaire pour la saturation de l'air et l'on y place les objets secs qu'on veut hydrater doucement, ou les objets humides qu'on veut soustraire à l'évaporation.

Les substances organiques déposées sous la cloche sèche ont perdu, au bout de quelques jours, la plus grande partie de leur eau, mais elles en conservent encore une certaine quantité. Pour pousser la dessiccation plus loin, il faut diminuer la tension de l'air enfermé sous la cloche.

Lorsqu'on met une *cloche sèche* en communication avec la pompe pneumatique, on obtient ce qu'on appelle *le vide sec*. Une substance organique placée dans le vide sec perd de son poids pendant plusieurs jours, puis il arrive un moment où le poids ne varie plus. C'est cet état que les chimistes appellent l'état de siccité. La quantité d'eau qui reste encore, s'il en reste, dans la substance desséchée, n'est plus appréciable à la balance; c'est le terme de la dessiccation *à froid*.

La dessiccation à chaud s'obtient en chauffant la substance dans un courant d'air sec. Si l'air était confiné, la dessiccation ne s'effectuerait que très-imparfaitement, et les matières organiques pourraient s'altérer bien avant 100 degrés. Il faut donc que l'air se renouvelle, c'est-à-dire que l'étuve soit traversée par un courant d'air; mais il faut en outre que cet air soit sec, c'est-à-dire qu'il ait été tamisé dans un appareil rempli de substances avides d'eau.

La dessiccation à chaud exige donc, pour être bien faite, un appareil compliqué, et une surveillance qui devient assez pénible lorsqu'on veut procéder avec lenteur. C'est pourquoi l'on donne souvent la préférence à la dessiccation à froid, qui a d'ailleurs l'avantage de ne pas exposer, comme l'autre, à décomposer les matières organiques.

L'action du vide sec paraît déjà suffisante pour la dessiccation des animaux réviviscibles. Mais le résultat sera bien plus décisif encore si, après avoir porté aussi loin que possible la dessiccation à froid, on soumet le corps de l'animal à la dessiccation à chaud, au sortir de la machine pneumatique.

C'est ce qu'a fait M. Doyère, et il annonce qu'après avoir traversé successivement ces deux épreuves, les animaux peuvent encore se ranimer. Il ajoute que la dessiccation à chaud est beaucoup plus dangereuse, toutes choses égales d'ailleurs, lorsqu'elle est employée seule que lorsqu'elle est précédée de la dessiccation à froid; en d'autres termes, suivant lui, les animaux qui ont subi l'action du vide sec peuvent supporter impunément des températures plus élevées que ceux qui ont été du premier coup placés dans l'étuve. Non-seulement la dessiccation complète n'est pas un obstacle absolu à réviviscence, mais encore elle soustrait les tissus aux altérations physiques ou chimiques auxquelles les expose l'épreuve du chauffage, de telle sorte que les animaux réviviscibles peuvent résister à une chaleur d'autant plus forte qu'ils ont été plus complétement déshydratés avant d'y être soumis.

Ces propositions, exprimées dans le mémoire que M. Doyère nous a remis, découlaient déjà de ses anciennes expériences, publiées en 1842 dans les ANNALES DES SCIENCES NATURELLES (1). Il avait constaté en outre, dès cette époque, que la rapidité avec laquelle s'effectue l'évaporation dans la dessiccation à froid exerce une influence très-notable sur la réviviscence ultérieure. Tandis que les animaux desséchés dans le sable ou dans les mousses revivent presque tous, ceux qu'on enlève au moyen d'une pipette, et qu'on dépose vivants sur une lame de verre, perdent trois ou quatre fois sur dix, en se desséchant à l'air libre, leur propriété de réviviscence. Il est donc plus dangereux pour l'animal d'être desséché *à nu* que d'être desséché au milieu de grains de sable ou de mousse qui retardent l'évaporation (2). Si maintenant les animaux déposés à nu sur le verre sont placés dans le vide sec sans avoir été desséchés à l'air libre, ce qui rend nécessairement l'évaporation beaucoup plus rapide, on en voit à peine revivre deux ou trois sur dix (3). M. Doyère conclut de là qu'il est nécessaire, pour assurer le succès des expériences, de procéder à la dessiccation avec une grande lenteur. Il recommande donc d'exposer d'abord les animaux à l'air libre pendant quelques jours, puis de les faire séjourner quelque temps *sous la cloche sèche* avant de les soumettre à l'action du vide sec. En agissant ainsi, il a pu, dans ses expériences de 1840, ranimer des animaux qui avaient subi successivement les trois épreuves suivantes : 1° dessiccation à l'air libre pendant huit jours ; 2° dessiccation pendant dix-sept jours sous une

---

(1) Doyère, MÉMOIRE SUR LES TARDIGRADES, troisième et dernière partie dans ANN. DES SC. NATURELLES. Zool. 2e série, t. XVIII. Paris, 1842, in-8°. Reproduit par l'auteur dans la thèse qu'il soutint la même année à la Faculté des sciences, p. 128 à 139.

(2) Ce fait était déjà connu de Spallanzani, qui en avait donné l'explication suivante :

« On pourrait dire que l'action immédiate de l'air, en heurtant et fouettant « ces petits corpuscules par son choc déchirant, dans un moment où ils sont « encore humides, et où ils sont en même temps très-tendres et très-délicats, « les rend ainsi incapables de ressusciter par l'altération qu'ils en reçoi- « vent. » (Spallanzani, OPUSCULES DE PHYSIQUE ANIMALE ET VÉGÉTALE, tr. fr. Genève, 1767, in-8°, t. II, p. 316.)

(3) Doyère, THÈSE POUR LE DOCTORAT ÈS SCIENCES. Paris, 1842, in-8°, p. 130-132.

cloche qui recouvrait une capsule pleine d'acide sulfurique; 3° dessiccation pendant vingt-huit jours dans le vide barométrique où l'on avait introduit, en même temps que les animaux, un peu de chlorure de calcium (1). Enfin, et c'est certainement le résultat le plus remarquable des expériences que nous analysons, tandis que les animaux vivants chauffés dans l'eau périssent sans retour à 50°, et que les animaux simplement desséchés à l'air libre périssent au plus tard à 90°, ceux qui, avant d'être soumis au chauffage, ont été convenablement desséchés à froid, peuvent revivre encore, suivant M. Doyère, après avoir supporté une température bien supérieure. Nous croyons devoir extraire de sa thèse le passage suivant, qui a été le principal point de départ des polémiques récentes :

« Si l'on prend des mousses desséchées jusqu'à ce que vingt-quatre « heures d'exposition dans le vide sec ne leur fassent plus perdre de « leur poids, et qu'on en entoure la boule d'un thermomètre placé « dans une étuve, on peut élever la température de l'étuve jusqu'à ce « que le thermomètre marque 120°, sans que tous les animalcules que « les mousses contiennent aient perdu la faculté de revenir à la vie. « Toutefois, le nombre des ressuscitants diminue à mesure que la « température approche davantage de ce terme, et en même temps le « retour à la vie de ceux qui ressuscitent se manifeste par des mouve- « ments de plus en plus lents, et exige un temps de plus en plus long.

« Dans deux expériences qui ont été faites sous les yeux de MM. de « Jussieu, Dumas, Milne Edwards et de Quatrefages, en novem- « bre 1841, les animalcules ont supporté une température de 122 et de « 125° centigr. La mousse entourait la boule du thermomètre.

« Dans des expériences que j'ai faites au milieu de l'été, et sur des « mousses qui avaient subi l'action directe du soleil pendant plusieurs « semaines, j'ai vu des animalcules revivre jusqu'à 140 et 145°. J'ai « même trouvé un grand rotifère vivant dans un paquet de mousses « qui avait été porté jusqu'à 155°. Mais je dois ajouter que le procédé par « lequel je mesurais la température était moins rigoureux que dans le « cas précédent; car je me servais d'une étuve à double enveloppe « métallique, contenant de l'huile entre ces deux enveloppes, et je pre- « nais la température du bain d'huile lui-même, avec la précaution « seulement de la maintenir constante pendant dix minutes. On ne « peut donc voir dans ce dernier cas qu'un *maximum* auquel la « température des mousses elles-mêmes ne devait pas être très- « inférieure. »

---

(1) Thèse citée, p. 133.

Tels étaient les faits annoncés, en 1842, dans la thèse de M. Doyère. L'auteur ayant reconnu dès cette époque que les expériences faites à des températures supérieures à 125° manquaient de précision, ces expériences peuvent être considérées comme non avenues. Les autres étaient plus rigoureuses sans doute, puisqu'on avait pris non pas la température du bain, mais la température des mousses. Il faut bien reconnaître, toutefois, que l'auteur, pressé par le défaut de temps ou d'espace, avait usé d'un laconisme qui laissait prise aux objections. La durée de la dessiccation préalable à froid n'était pas indiquée, l'appareil où le chauffage avait été pratiqué n'était pas décrit, la durée même du chauffage n'était pas mentionnée; de telle sorte que le lecteur, désireux de voir par lui-même, était exposé à de nombreuses déceptions. M. Doyère n'avait pas dit qu'il lui avait fallu de longs tâtonnements pour arriver au succès, que les précautions les plus minutieuses ne mettent pas toujours à l'abri d'un échec, qu'on ne réussit pas indifféremment avec toutes les mousses qui renferment des animaux réviviscibles, et que son expérience est une des plus délicates, des plus difficiles, des plus aléatoires qu'on puisse entreprendre. Il semblait, au contraire, résulter du texte que cette expérience était fort simple, et il n'est pas étonnant que ceux qui ont voulu la répéter sans autre indication aient obtenu des résultats fort différents des siens. Les négations de MM. Pouchet, Pennetier et Tinel n'auront donc pas été inutiles à la science, puisqu'elles ont conduit M. Doyère à exposer ses procédés avec plus de rigueur et de précision, et à mettre ainsi tous les expérimentateurs en mesure de contrôler ses recherches en pleine connaissance de cause. Jusque-là il était presque inévitable qu'on obtînt des résultats négatifs, et il était naturel qu'on se demandât si l'auteur d'une observation qu'on ne pouvait répéter n'avait pas été induit en erreur par quelque vice d'expérimentation. Ainsi est né, messieurs, le débat qui vous a été soumis, et comme, au milieu de divergences multiples, qui roulaient sur plusieurs questions distinctes, notre attention aurait pu se disséminer ou s'égarer, les deux adversaires ont cru devoir rendre notre tâche plus facile en nous signalant tout spécialement l'expérience du chauffage à 100°. Cette expérience est la seule, par conséquent, que nous ayons eu à exécuter nous-mêmes, car on nous demandait simplement si des animaux desséchés sous une température de 100° pouvaient ou non conserver la propriété de se ranimer au contact de l'eau. Mais nous ne répondrions pas à votre attente si nous nous bornions à énoncer devant vous les résultats que nous avons obtenus. Vous êtes curieux sans doute de connaître les faits expérimentaux dont MM. Doyère et Pouchet nous ont rendus témoins. Nous allons donc vous présenter ces faits dans tous leurs détails.

Les expériences de **M.** Doyère ont été commencées le 20 juin 1859.

Matériaux des expériences. — M. Doyère a remis entre les mains de la commission quatre boîtes renfermant des échantillons de mousses qu'il avait récoltées lui-même.

Boîte n° 1. Mousse recueillie à Toulon, le 10 mai 1859, sur un vieux toit près des remparts (face ouest).

Boîte n° 2. Mousse recueillie à Toulon, le 10 mai 1859, sur le toit de la vieille boulangerie de la marine (face nord).

Boîte n° 3. Mousse recueillie à Cherbourg, le 15 juin 1859, sur le toit des sapeurs-pompiers (face est).

Boîte n° 4. Mousse recueillie le 12 juin 1859, dans une carrière du Bas-Meudon (face sud).

Diverses préparations faites ce jour-là et les suivants ont montré que toutes ces mousses contenaient des animaux réviviscibles, savoir : des rotifères grands et petits, et des tardigrades macrobiotes dans toutes les boîtes; des tardigrades émydiums dans les boîtes n°s 1, 2 et 3, et des anguillules dans les boîtes n° 3 et n° 4, abondantes seulement dans la boîte n° 3.

Le même jour, M. Doyère nous a remis 19 verres de montre où il avait disposé à l'avance, soit à nu, soit avec du sable, des animaux qu'il avait vus vivants le jour de la préparation, et qu'il avait ensuite laissé dessécher naturellement. Ces préparations avaient été faites le 10, le 17 et le 19 juin 1859.

Expérience I. — Un seul macrobiote desséché a nu, pendant trois jours, sous la pression atmosphérique. Réviviscence.

Cet animal, enlevé au moyen de la pipette, a été déposé par M. Doyère, le 17 juin 1859, avec une toute petite goutte d'eau, dans le verre de montre n° 2.

Le 20 juin 1859, on nous présente ce verre de montre sur lequel, à l'œil nu, nous n'apercevons absolument rien. Mais une petite tache d'encre, déposée sur la face inférieure du verre, indique le point où nous retrouverons au microscope le tardigrade desséché.

Après avoir placé le corps de cet animal au foyer du microscope (80 diamètres), M. Doyère l'humecte à trois heures vingt-huit minutes, avec quelques gouttes d'eau.

A trois heures trente-huit minutes, l'animal remue une patte.

A trois heures quarante-cinq minutes, il est tout à fait ranimé et commence à progresser.

A quatre heures trente minutes, il ne reste plus dans le verre qu'une très-petite quantité d'eau. Pour retarder l'évaporation on le recouvre d'un autre verre de montre, et on le place sous scellés dans une armoire du laboratoire de physique.

Le 23 juin, on brise les scellés. Le verre paraît tout à fait sec. On retire le corps du macrobiote et on l'humecte à deux heures vingt-cinq minutes avec une seule goutte d'eau.

A trois heures quarante-huit minutes, l'animal remue lentement une patte, puis il s'arrête bientôt et reste tout à fait immobile pendant plusieurs minutes. A quatre heures seize minutes il remue plusieurs pattes, mais il n'exécute encore que des mouvements partiels. On ajoute quelques gouttes d'eau.

A quatre heures trente-cinq minutes, rien de plus. On dépose le verre de montre sous la cloche humide et on le scelle de nouveau dans l'armoire.

Le 25 juin, à trois heures trente minutes, on examine de nouveau l'animal. Il est plein de vie, et se meut très-vigoureusement. L'expérience n'a pas été poussée plus loin.

EXP. II. — ANIMAUX DESSÉCHÉS A NU, PENDANT TROIS JOURS, SOUS LA PRESSION ATMOSPHÉRIQUE. RÉVIVISCENCE.

Vingt et un rotifères grands ou petits et un macrobiote vivants, enlevés au moyen de la pipette, ont été déposés un à un, par M. Doyère, le 17 juin 1859, dans le verre de montre n° 16 (mousse de Cherbourg.)

Le 20 juin 1859, on nous présente ce verre de montre. Nous y retrouvons au microscope plusieurs corps qui nous paraissent tout à fait secs.

A trois heures vingt minutes, on humecte la préparation avec une petite quantité d'eau.

A trois heures vingt-huit minutes, on voit déjà remuer quelques rotifères. Le macrobiote est vu en pleine activité à trois heures quarante minutes. A trois heures cinquante minutes, tous les animaux sont ranimés à l'exception d'un petit rotifère.

A quatre heures, rien de nouveau. L'eau est en grande partie évaporée. On recouvre le verre n° 16 d'un autre verre de montre pour retarder la dessiccation, et on le dépose sous scellés dans une armoire.

Le 23 juin, on brise les scellés. La préparation paraît aussi desséchée qu'elle l'était le 20 juin lorsque M. Doyère nous l'a présentée pour la première fois.

A deux heures quarante-huit minutes, on verse un peu d'eau dans le verre de montre. A deux heures cinquante-six minutes, deux rotifères commencent à se mouvoir; plusieurs autres entre deux heures cinquante-six minutes et trois heures six minutes.

A trois heures trente et une minutes, un rotifère, immobile jusqu'alors, exécute une légère contraction.

A quatre heures, plusieurs animaux sont encore immobiles. Le verre de montre est placé sous la cloche humide et scellé dans l'armoire.

Le 25 juin, à trois heures trente-cinq minutes, on brise les scellés. On examine avec soin la préparation. Tous les rotifères sont en pleine activité à l'exception de deux qui paraissent morts. L'un de ces animaux avait déjà paru mort le 20 juin. M. Doyère enlève les cadavres avec la pipette. Le macrobiote est bien vivant et se bat de temps en temps avec les rotifères.

A quatre heures, le verre n° 16 recouvert d'un autre verre de montre est scellé dans l'armoire.

Ces animaux étaient destinés à être humectés plus tard, mais ils ne l'ont pas été.

M. Doyère se proposait de nous montrer, dans ces deux expériences, que des animaux desséchés *à nu* sur le verre pouvaient être ranimés. Le fait avait été mis en doute par Spallanzani et par plusieurs auteurs modernes. Nous avons constaté que dans ces conditions les animaux conservent parfaitement, au bout de trois jours, leur propriété de réviviscence. Nous avons dû, la première fois, nous en rapporter à l'assertion de M. Doyère qui, en nous présentant le 20 juin les deux préparations, nous annonça qu'elles dataient de trois jours. C'est ce qui nous a décidés à laisser écouler trois autres jours avant de procéder à une nouvelle humectation. Le verre de montre ayant été, dans cet intervalle, conservé dans une armoire scellée, il ne peut rester aucun doute sur le résultat de l'expérience.

Le nombre des animaux qui ont péri sans retour dans ces deux expériences a été beaucoup moindre que nous ne nous y attendions. M. Doyère avait dit, en 1842, qu'il avait vu ordinairement trois ou quatre animaux sur dix mourir définitivement lorsqu'on les desséchait à nu et à l'air libre. Or les vingt et un rotifères et les deux macrobiotes humectés le 20 juin devant la commission se sont tous ranimés à l'exception d'un petit rotifère, et les vingt-deux animaux survivants, desséchés de nouveau le même jour, se sont tous ranimés encore à l'exception d'un second rotifère. En somme il y a eu seulement deux insuccès sur quarante-cinq cas, proportion bien inférieure à la proportion de trois ou quatre sur dix, indiquée en 1842 par M. Doyère. Cette différence vient probablement de ce que, dans ses anciennes expériences, M. Doyère laissait l'évaporation s'effectuer entièrement à l'air libre, tandis qu'aujourd'hui il retarde la dessiccation en recouvrant d'un second verre de montre celui qui supporte les animaux. C'est un fait assez général que la réviviscence est d'autant plus incertaine et exige d'autant plus de temps que l'animal est plus sec. A ce titre on pourrait objecter contre les deux premières expériences que le délai de trois jours n'est pas suffisant pour faire dessécher des animaux entourés sans doute d'une très-faible quantité d'eau, mais renfermés dans un très-petit espace. L'expérience suivante servira de réponse à cette objection.

Exp. III. — Animaux desséchés a nu et a l'air libre, d'abord pendant treize jours, puis pendant soixante-quinze jours. Réviviscence.

Le 23 juin 1859, M. Doyère nous présente le verre de montre n° 13, sur lequel il a déposé à nu, le 10 du même mois, six anguillules, trois émydiums, trois macrobiotes et quatre rotifères. Ces animaux ont donc été desséchés pendant treize jours entre deux verres de montre, au moment où on les soumet à notre examen. Ils proviennent de la mousse de Toulon.

Le 23 juin, à deux heures cinquante minutes, on humecte la préparation.

A trois heures cinquante minutes, on l'examine. Tous les animaux sont ranimés à l'exception des anguillules, qui paraissent mortes.

A quatre heures, on recouvre le verre n° 13 d'un autre verre de montre, et on le dépose dans l'armoire scellée.

Le 2 juillet 1859, ce verre n° 13 m'a été remis pour le conserver et l'examiner plus tard.

Je l'ai gardé sous une cloche, dans mon cabinet de travail, pendant les deux mois de juillet et août. La chaleur a été excessive. Plusieurs fois j'ai vu la température se maintenir à 26° dans ce cabinet pendant toute la nuit.

La plupart des membres de la commission ayant quitté Paris pendant les vacances, nous n'avons pu continuer à travailler en commun. J'ai donc procédé seul, le 6 septembre 1859, à la réhumectation des animaux desséchés depuis le 23 juin dans le verre n° 13.

La préparation est humectée le 6 septembre, à neuf heures du soir. Quelques instants après j'y compte cinq anguillules, trois émydiums, trois macrobiotes, quatre rotifères roulés en boule. Tous ces animaux sont immobiles.

A onze heures du soir, à minuit, rien de nouveau.

A minuit dix minutes, l'un des rotifères, toujours roulé en boule, commence à exécuter quelques mouvements partiels consistant en une contraction lente sur un seul point, et recommençant toutes les deux ou trois minutes.

A minuit quarante minutes, les contractions sont un peu plus fortes, mais non plus fréquentes. Elles sont toujours de même nature. L'animal n'est pas encore desséché. Les autres sont immobiles.

Le 7 septembre, à midi vingt minutes, le rotifère qui s'est ranimé la veille exécute des mouvements d'ensemble ; il est déployé, mais il ne progresse pas encore. Les trois autres rotifères sont déployés et *endosmosés*. Il est certain qu'ils ne se ranimeront pas. Tous les autres animaux sont immobiles.

A quatre heures, le rotifère ranimé se promène. Les autres sont morts.

L'animal a été revu vivant pendant cinq jours, puis l'expérience a été interrompue. Tous les autres animaux étaient définitivement morts (1).

L'expérience précédente nous montre un rotifère desséché à nu sur le verre, le 23 juin 1859, et ranimé au bout de soixante-quinze jours après avoir supporté la température excessive d'un été exceptionnel; mais elle nous montre en même temps que quinze autres animaux, déposés dans le même verre de montre, avaient perdu leur propriété de réviviscence. En laissant de côté les anguillules des toits dont la résistance est habituellement inférieure à celle des rotifères et des tar-

---

(1) Le 8 septembre 1859, j'ai humecté de la même manière quatre rotifères, un émydium et un macrobiote, déposés à nu dans le verre de montre n° 18, le 19 juin précédent, par M. Doyère. Ce verre, préparé pour la commission, n'avait pas été examiné par elle, et je l'avais conservé sans précaution dans un tiroir. Aucun des animaux ne s'est ranimé.

digrades, il reste neuf animaux dont un seul a revécu, et il paraît probable que si l'humectation avait été retardée quelque temps encore, ce dernier rotifère ne se serait pas ranimé. Nous aurons à revenir plus tard sur ce phénomène, que nous retrouverons dans une expérience de M. Pouchet.

Nous n'avons parlé jusqu'ici que des animaux desséchés à nu. Il est intéressant de comparer ces résultats avec ceux que fournit la dessiccation au milieu du sable.

Exp. IV. — ANIMAUX DESSÉCHÉS AVEC DU SABLE. LES ANGUILLULES NE SE RANIMENT PAS. RÉVIVISCENCE PRESQUE GÉNÉRALE DES AUTRES ANIMAUX.

Le 20 juin 1859, M. Doyère nous remet le verre de montre n° 14, contenant une grande anguillule, deux petites, trois rotifères et sept tardigrades (trois macrobiotes et quatre émydiums). Ces animaux ont été réunis au moyen de la pipette, le 17 juin, et on a ajouté un peu de sable à la préparation. Le 20 juin, le contenu du verre nous paraît bien sec. Nous enfermons la préparation dans l'armoire scellée.

Le 23 juin, à trois heures quarante-huit minutes, on humecte le verre n° 14. A quatre heures dix minutes, tous les animaux sont immobiles. A quatre heures dix-huit minutes, un macrobiote commence à se mouvoir. A quatre heures vingt-cinq minutes, plusieurs animaux sont en activité, mais plusieurs sont encore immobiles. On scelle le verre *sous la cloche humide.*

Le 25 juin, à trois heures quarante minutes, la préparation est examinée. Aucune anguillule n'a revécu. Les trois rotifères et les trois macrobiotes sont extrêmement vigoureux; un émydium est mort; les trois autres sont vivants, mais se meuvent avec difficulté.

Le premier indice de réviviscence s'est montré, comme on voit, trente minutes seulement après l'humectation, c'est-à-dire beaucoup plus tard que dans les expériences I et II, où les animaux avaient été desséchés à nu sur le verre. On ne peut rien conclure d'un seul fait; celui-ci ne s'accorde pas avec l'opinion de Spallanzani, qui considérait la présence du sable comme favorable à la réviviscence; mais nous ferons remarquer que les animalcules déposés à nu sur le verre ont été recouverts d'un second verre de montre, tandis que les préparations faites avec du sable ont été desséchées au grand air. La dessiccation a donc pu être moins rapide dans le premier cas que dans le second. Au surplus, il faut bien se garder de croire que la durée du temps nécessaire pour la réviviscence ne dépende que des conditions de la dessiccation; elle dépend aussi beaucoup de la constitution particulière de l'animal, puisque nous avons vu le 23 juin (exp. I) des rotifères desséchés à nu dans le même verre de montre se ranimer, les uns au bout de huit minutes, les autres au bout de quarante-trois minutes, et d'autres seulement au bout de plus de soixante-quatre minutes.

On vient de voir que la dessiccation *à nu*, pratiquée avec les précautions convenables, ne détruit pas la propriété de réviviscence. Cette dessiccation peut être poussée plus loin dans le vide sec sans que le résultat soit changé. C'est ce que montre l'expérience suivante.

Exp. V. — Animaux desséchés a nu, d'abord a l'air libre, puis sous la cloche sèche, et enfin dans le vide sec. Réviviscence.

Le 20 juin 1859, M. Doyère nous présente deux émydiums, deux macrobiotes et trois anguillules parfaitement à nu dans le verre de montre n° 19. La préparation n'a été faite qu'hier matin; néanmoins les animaux paraissent secs.

A quatre heures dix-sept minutes, on place le verre sous le récipient de la machine pneumatique, à côté d'une coupe pleine d'acide sulfurique concentré. On ne fait pas le vide ce jour-là. On pose les scellés sur la cloche.

Le lendemain 21 juin, à trois heures, sans toucher aux scellés, on fait le vide à 4 millimètres.

Le 22 juin, la cloche, tubulée par en haut et mal obturée, n'a pas tenu le vide; le baromètre ne marque plus. On pompe de nouveau jusqu'à 4 millimètres.

Le 23 juin, la cloche n'a pas tenu le vide d'une manière complète. Le baromètre ne marque plus. Néanmoins, quand on ouvre le robinet, l'air extérieur se précipite avec assez de force pour culbuter le verre de montre.

A trois heures, on lève les scellés. On extrait le verre de montre n° 19, et on l'humecte à trois heures une minute.

A trois heures trente-deux minutes, un émydium fait un léger mouvement. A trois heures trente-six minutes, il est tout à fait ranimé. Le second émydium commence à se mouvoir à trois heures quarante minutes; les deux macrobiotes à quatre heures et quatre heures cinq minutes. Les anguillules ne bougent pas.

A quatre heures vingt minutes, on scelle ce verre sous la cloche humide.

Le 25 juin, à trois heures cinquante minutes, on l'examine de nouveau. L'eau n'est pas évaporée, mais les quatre animaux qui vivaient hier sont morts aujourd'hui. Les anguillules sont toujours inanimées.

Cette expérience manque de précision, puisque, par suite de la mauvaise disposition de la cloche, le vide a été incomplet. Il est certain toutefois que la raréfaction de l'air était considérable, puisque, au moment où le robinet a été ouvert, l'air extérieur s'est précipité avec violence sous le récipient. Nous rappellerons ici que, dans ses expériences sur les anguillules *de la nielle*, M. Davaine a pu ranimer ces animalcules après les avoir desséchés à nu, d'abord à l'air libre, puis dans le vide sec où il les avait maintenus pendant cinq jours. On a vu dans les expériences précédentes que les anguillules *des toits*, soumises à une dessiccation moins complète (surtout dans l'expérience IV), ne se sont pas ranimées, et nous pouvons dire à ce propos qu'il y a des différences considérables, sous tous les rapports, entre les anguillules de la nielle et celles des toits. Les premières sont beaucoup plus réviviscibles que les autres, mais elles ne le sont qu'à l'état de larves, et celles qui parviennent à l'âge adulte ne peuvent résister à la moindre dessiccation. Les anguillules des toits, dont l'évolution est entièrement différente, peuvent se ranimer à tout âge, et les plus grosses ne paraissent pas moins réviviscibles que les plus petites.

Dans les trois dernières expériences de M. Doyère, l'épreuve du vide n'a été que le préliminaire de l'épreuve du chauffage; on a d'abord desséché les animaux à froid pour les mettre en état de supporter des températures élevées, qui, sans cette précaution préalable, auraient détruit leur organisation.

Exp. VI. — MOUSSE DESSÉCHÉE A FROID DANS LE VIDE SEC, PUIS CHAUFFÉE A 98°. RÉVIVISCENCE DES ANIMAUX CONTENUS DANS LA MOUSSE.

Le 20 juin 1859, à quatre heures dix-sept minutes, on place sous la machine pneumatique une certaine quantité de mousses provenant de la boîte n° 1, et recueillies à Toulon par M. Doyère sur un toit exposé à l'ouest. Dix échantillons sont disposés dans de petites cupules en cuivre; une large coupe pleine d'acide sulfurique concentré est en même temps placée sous la cloche. On ne fait pas le vide ce soir-là. On scelle la cloche, qui est tubulée par le haut, et mal obturée comme on va le voir.

Le 21 juin, à trois heures, on fait le vide à 4 millimètres.

Le 22 juin, à une heure, la cloche n'a pas tenu le vide; le baromètre ne marque plus. On pompe de nouveau jusqu'à 4 millimètres.

Le 23 juin, la cloche n'a pas tenu le vide. Toutefois l'air se précipite avec force sous le récipient, lorsqu'on ouvre le robinet à trois heures.

A trois heures trente-trois minutes, on remplace la cloche tubulée par une cloche pleine; on renouvelle l'acide sulfurique, et l'on fait le vide à 4 millimètres.

Le 27 juin, la cloche a parfaitement tenu le vide; le baromètre est à 6 millimètres. La mousse, après trois jours de vide imparfait, a donc séjourné quatre jours consécutifs dans le vide sous une pression de 4 à 6 millimètres.

M. Doyère prépare son étuve : c'est une boîte métallique, ou *chambre à air*, contenue dans une autre boîte métallique beaucoup plus grande; l'intervalle compris entre les deux boîtes constitue la *chambre à eau*. La chambre à air communique avec l'extérieur par deux tubes, l'un supérieur, l'autre inférieur, afin que l'air se renouvelle pendant le chauffage, et que la petite quantité de vapeur d'eau dégagée des mousses ne séjourne pas dans l'étuve. Le tube inférieur, qui apporte l'air, est disposé en forme de serpentin et décrit dans la chambre à eau un grand nombre de flexuosités; de telle sorte que l'air nouveau, en arrivant dans l'étuve, est déjà aussi chaud que celui qu'il remplace. Le tube supérieur est droit et laisse passer un thermomètre qui donne la température de la chambre à air. Un autre thermomètre, plongeant dans la chambre à eau, donne la température du liquide.

A midi quarante minutes, on fait rentrer l'air sous la machine pneumatique, on extrait rapidement trois des cupules en cuivre qui contiennent les mousses, on y laisse les autres pour une expérience ultérieure (exp. VIII), et l'on refait le vide aussitôt.

Chaque cupule, au moment où on la retire, est immédiatement recouverte d'un verre de montre. Toutes trois sont transportées à l'extrémité du laboratoire et placées dans l'étuve. On enlève alors les verres de montre, et l'on fait descendre la boule du thermomètre jusque dans l'une des cupules, de manière à la mettre en contact avec la mousse.

Il est midi cinquante minutes. L'eau est à la température de 24°, qui est celle de l'air du laboratoire. On commence alors à chauffer de la manière suivante :

	Température de l'eau.	Température marquée par le thermomètre des mousses.
12 heures 50 minutes.	24°	
1 — » —	50°	
1 — 10 —	58°	
1 — 20 —	62°	
1 — 35 —	70°	
1 — 50 —	80°	
2 — » —	100°	82°
2 — 10 —	100°	90°
2 — 25 —	100°	97°5
2 — 30 —	100°	98°
2 — 35 —	100°	98°

A deux heures trente-cinq minutes, on ouvre l'étuve et l'on retire les cupules.

A deux heures cinquante minutes, les mousses sont refroidies. Le contenu de la cupule n° 1 est placé dans un verre de montre et scellé sous la cloche humide. Le contenu des deux autres cupules est déposé dans la boîte n° 5 et remis au rapporteur de la commission pour être examiné plus tard.

Le 28 juin, à trois heures quinze minutes, on brise les scellés et l'on humecte la mousse provenant de la cupule n° 1. Cette mousse a séjourné pendant vingt-quatre heures sous la cloche humide après avoir subi une température de 98°.

On exprime immédiatement dans un verre de montre une partie du sable contenu dans la mousse, et l'on place la préparation sous le microscope. On découvre bientôt deux corps de rotifères roulés en boule et trois anguillules.

A trois heures quarante minutes, *l'un des rotifères commence à se mouvoir.*

A quatre heures, cet animal est très-vigoureux. L'autre rotifère est immobile, ainsi que les trois anguillules.

La commission, préoccupée d'une autre expérience qui marchait de front avec celle-ci, négligea les jours suivants d'examiner de nouveau la préparation, qui fut perdue.

Suite de l'expérience (par le rapporteur). Le 6 septembre 1859, à dix heures du soir, je prends un peu de la poussière déposée au fond de la boîte n° 5, qui m'a été remise le 27 juin, et qui renferme le reste des mousses chauffées à 98°. Je la répartis entre quatre verres de montre *a*, *b*, *c*, *d*, que j'humecte immédiatement. Je trouve des corps d'animaux dans les quatre préparations.

A minuit et demi, tous les animaux sont encore immobiles.

Le 7 septembre 1859, à midi quarante-cinq minutes, j'examine la préparation.

Dans le verre *a*, je trouve un petit rotifère très-vivant et très-mobile, plus un émydium et deux macrobiotes qui paraissent morts.

Dans le verre *b*, un tardigrade macrobiote extrêmement vigoureux, un rotifère endosmosé et très-évidemment mort, et plusieurs anguillules immobiles.

Dans le verre *c*, un macrobiote vivant, un autre immobile, et un rotifère en boule.

Dans le verre *d*, un seul macrobiote vivant; il n'y a aucun autre animal dans ce verre.

Le même jour, à neuf heures du soir, les trois animaux du verre *c* sont en pleine activité; rien de changé dans les autres verres.

Les animaux ranimés, observés matin et soir, ont vécu deux jours entiers.

Le 10 septembre au matin, je ne retrouve plus qu'un tardigrade vivant. Le soir, cet animal est mort comme les autres.

Seconde suite de l'expérience (par le rapporteur). Le 18 mars 1860, près de neuf mois après la séance de chauffage, j'ai repris dans la boîte n° 5 un peu de mousse que j'ai humectée à dix heures du soir.

J'en ai fait trois préparations que j'ai examinées aussitôt, et où j'ai trouvé environ dix corps de macrobiotes ou de rotifères et deux anguillules; aucun émydium.

Le 19 mars, à midi, et le même jour, à onze heures du soir, aucune reviviscence.

Le 20 mars, à midi, un macrobiote vivant et très-agile. Il y a dans le même verre trois autres macrobiotes endosmosés et flottants, un rotifère endosmosé, un rotifère en boule et une anguillule morte.

Les animaux des autres préparations sont en très-petit nombre, et aucun d'eux n'a revécu.

Les préparations ont été examinées matin et soir jusqu'au 23 mars. Le rotifère en boule ne s'est pas déployé; ses viscères paraissaient désorganisés. Aucun animal n'a revécu, à l'exception du macrobiote déjà mentionné, et celui-ci même a été trouvé mort le 21 mars, à dix heures du soir. Il était encore vivant le matin.

Dans cette expérience l'ébullition de l'eau a été prolongée trente-cinq minutes, mais la température de l'eau ne se communiquant qu'assez lentement à l'air de l'étuve, le thermomètre de l'étuve n'a dépassé 97° que dix minutes avant la fin, et n'est resté à 98° que pendant cinq minutes. La température de 98° n'a pas été dépassée; elle ne pouvait l'être dans une étuve à eau, avec la condition de maintenir une communication entre l'air extérieur et celui de l'étuve. Quelque faible que soit le courant d'air, il empêche la température intérieure de se mettre entièrement en équilibre avec celle de l'eau. Le chauffage a été fait exactement de la même manière dans l'expérience suivante qui a été faite en même temps.

EXP. VII. — ANIMAUX DÉPOSÉS SUR LE VERRE AVEC UN PEU DE SABLE, DESSÉCHÉS A FROID DANS LE VIDE SEC, PUIS CHAUFFÉS A 98°. RÉVIVISCENCE.

Les trois verres de montre n° 1, n° 4 et n° 17, préparés le 17 juin par M. Doyère, et renfermant des animaux qui ont été présentés secs à la commission le 20 juin, ont été placés sous la cloche de la machine pneumatique en même temps que les mousses de l'expérience précédente. Après un séjour de vingt-quatre heures sous la cloche sèche, de trois jours dans le vide sec imparfait, et de quatre jours dans le vide sec sous une pression de 4 à 6 mill., ces trois verres sont extraits de la machine pneumatique le 27 juin, à midi quarante minutes. On recouvre chacun d'eux d'un autre verre de montre pour les transporter jusqu'à l'étuve sans les exposer à l'humidité atmosphérique; on les dépose dans l'étuve à côté des mousses de l'expérience précédente, puis on les découvre et l'on procède au chauffage de midi cinquante minutes à deux heures trente-cinq minutes. (Voir dans l'exp. VI le tableau des températures.)

A deux heures trente-cinq minutes, les trois verres sont extraits de l'étuve.

A deux heures cinquante minutes, on place les verres n° 1 et n° 4 sous la cloche humide, et l'on humecte directement le verre n° 17.

Examen du verre n° 17. — Ce verre renferme des émydiums et des anguillules tout à fait à nus. Au sortir de l'étuve il a passé quinze minutes à l'air libre, puis il a été humecté sans séjourner sous la cloche humide. Examiné successivement le 27 juin, le 28 et le 30, il n'a montré aucune réviviscence.

Examen du verre n° 1. — Ce verre, extrait de l'étuve le 27 juin à deux heures trente-cinq minutes, est resté exposé à l'air libre pendant quinze minutes. A deux heures cinquante minutes on l'a placé sous la cloche humide, où on l'a laissé cinquante minutes. Ce verre renferme une très-petite quantité de sable de gouttière, et plus de vingt animalcules de diverses espèces.

A trois heures quarante minutes, on humecte la préparation.

A quatre heures vingt minutes, un macrobiote remue une patte; à quatre heures vingt-cinq minutes, il remue plusieurs pattes, mais ne change pas de place.

A quatre heures trente minutes, rien de nouveau. Les autres animaux sont toujours immobiles. On scelle le verre sous la cloche humide.

Le 28 juin, à trois heures quinze minutes, on examine de nouveau la préparation : on y trouve sept macrobiotes, deux rotifères et un émydium parfaitement vivants et agiles. Il y a, en outre, cinq ou six macrobiotes, cinq ou six rotifères et deux émydiums qui paraissent tout à fait morts.

La préparation n'a pas été examinée les jours suivants.

Examen du verre n° 4.—Ce verre renferme sept ou huit rotifères grands ou petits avec un peu de sable. Au sortir de l'étuve, le 27 juin, à deux heures trente-cinq minutes, il est resté quinze minutes à l'air libre ; à deux heures cinquante minutes, il a été scellé sous la cloche humide, où il a séjourné un peu plus de vingt-quatre heures.

Le 28 juin, à trois heures quinze minutes, on l'humecte et on l'examine.

A trois heures trente minutes, un grand rotifère commence à se contracter ; à quatre heures dix minutes, il est en pleine activité. Les autres animaux sont toujours immobiles. Plusieurs rotifères sont endosmosés, deux sont encore roulés en boule. Ce verre n'a pas été examiné les jours suivants.

Cette expérience, comme on voit, a été menée de front avec la précédente, mais nous avons cru devoir l'en séparer parce que les animaux, desséchés sur le verre, et non dans les mousses, ont été exposés plus directement et plus complétement à l'action de la chaleur. M. Doyère pense que la présence des mousses, en rendant la dessiccation plus lente, favorise beaucoup le succès de l'expérience. Le sable contenu dans les verres n° 1 et n° 4 a pu contribuer de la même manière à maintenir la propriété de réviviscence. On a vu, en effet, que dans le verre n° 17 où les animaux étaient déposés *à nu*, la réviviscence n'a pas été obtenue. Cela pourrait tenir aussi à une circonstance à laquelle M. Doyère attache beaucoup d'importance. Ce n'est pas seulement dans l'opération de la dessiccation qu'il faut agir avec lenteur. Il pense que l'opération de l'humectation doit se faire d'une manière graduelle, pour ne pas exposer les animaux aux lésions de tissus qui pourraient résulter d'une imbibition trop rapide. Voilà pourquoi les mousses de l'expérience VI, et les verres n° 1 et n° 4 de l'expérience VII, après avoir séjourné quinze minutes à l'air libre, ont été placés quelque temps sous la cloche humide avant d'être directement humectés.

Il y a eu réviviscence dans les trois cas, tandis que les animaux du verre n° 17, humectés au bout de quinze minutes sans avoir passé sous la cloche humide, ne se sont pas ranimés. Est-ce parce qu'ils étaient tout à fait à nu, ou parce qu'ils ont été mouillés sans ménagement ? La question est restée douteuse pour nous ; mais comme l'excès de prudence ne saurait nuire, nous avons dû suivre dans nos propres expériences le précepte de procéder graduellement à l'humectation.

Quoique, d'après les termes précis du débat soumis à la Société de biologie, la commission eût été instituée principalement pour vérifier l'expérience du chauffage à 100°, nous avons accepté avec plaisir la proposition que nous a faite M. Doyère, de porter la température au delà de 100°. Il a donc exécuté devant nous l'expérience suivante qui a donné un résultat négatif.

Exp. VIII. — ANIMAUX CHAUFFÉS A 120° ET A 140°. POINT DE RÉVIVISCENCE.

On a vu dans l'expérience VI que sept cupules en cuivre, contenant des échantillons de mousses, avaient été laissées le 27 juin 1855 sous la machine pneumatique pour servir à une expérience ultérieure.

Ces mousses n'avaient été exposées à l'air que pendant quelques minutes, car on avait refait le vide presque immédiatement, après avoir seulement pris le temps de renouveler l'acide sulfurique. Le vide fut maintenu à 6 millimètres jusqu'au 30 juin. Les mousses avaient alors séjourné trois jours dans le vide sec imparfait, puis sept jours dans le vide sec sous une pression de 4 à 6 millimètres.

Le 30 juin, à une heure trente minutes, on ouvre le robinet de la machine pneumatique, on extrait cinq cupules et on les transporte à l'étuve avec les précautions déjà indiquées. L'étuve est disposée comme dans l'expérience précédente, si ce n'est qu'on a remplacé le bain d'eau par un bain d'huile pour obtenir des températures supérieures à 100°.

Le bain d'huile a été préalablement chauffé et porté jusqu'à 100°, mais la porte de l'étuve est restée ouverte, de sorte que la température de la chambre à air est très-peu élevée.

A une heure dix minutes, on ferme la porte de l'étuve et l'on procède au chauffage de la manière suivante :

	Température de l'huile.	Température des mousses.	
1 heure 10 minutes.	100°		
1 — 17 —	105°	42°	
1 — 27 —	120°	65°	On diminue le feu.
1 — 37 —	118°	81°	
1 — 47 —	126°	90°	
1 — 52 —	125°	100°5	
1 — 57 —	129°	104°	
2 — 7 —	133°	110°	
2 — 12 —	136°	112°	
2 — 17 —	138°	115°	On éteint le feu.
2 — 27 —	130°	117°5	On rallume le feu.
2 — 37 —	148°	118°5	
2 — 38 —	150°	119°5	On retire rapidement trois cupules et on referme aussitôt l'étuve.
2 — 47 —	164°	130°	On éteint définitivement le feu.
2 — 55 —	157°	140°	
3 —	150°	142°	

A trois heures, on ouvre l'étuve et l'on retire les deux dernières cupules qui ont subi pendant soixante minutes une température supérieure à 100°; savoir de 100° à 120° pendant quarante-six minutes, et de 120° à 142° pendant vingt-deux minutes.

Les trois autres cupules retirées de l'étuve à deux heures trente-huit minutes, n'ont pas dépassé 119°5, mais sont restées pendant quarante-six minutes au-dessus de 100°.

Les cinq cupules numérotées sont scellées sous une cloche peu humide à trois heures vingt minutes.

Le lendemain, 1er juillet, sans lever les scellés, on fait pénétrer sous la cloche une grande quantité d'eau.

Le 2 juillet, on brise les scellés à trois heures, on fait trois préparations avec les mousses chauffées à 119°5 dans trois verres numérotés 120 *a*, 120 *b*, 120 *c*. On fait quatre préparations avec les mousses chauffées à 140°, dans quatre verres numérotés 140 *a*, *b*, *c* et *d*.

On trouve dans tous les verres des corps d'animaux de diverses espèces; tous ces corps sont immobiles. A quatre heures et demie, on scelle les préparations sous la cloche humide.

Le 3 juillet à neuf heures du matin, en l'absence de M. Doyère, nous examinons successivement tous les verres; nous y trouvons des corps de rotifères, de tardigrades et d'anguillules, tous endosmosés et flottant à vau-l'eau. Les débris des mousses qui ont été chauffées à 140° ont perdu en partie leur structure, et paraissent avoir subi une sorte de carbonisation.

Dans le verre n° 120 *a*, nous découvrons en outre un infusoire volumineux à mouvements très-rapides, et exactement semblable à d'autres animaux de même espèce que nous avons ranimés dans d'autres expériences après les avoir desséchés (1). Cet animalcule de forme elliptique, long de 0mm,05,

---

(1) Nous regrettons de ne pouvoir désigner ici sous son vrai nom cet animalcule qui est assez commun dans la mousse des toits, et qui n'est autre, selon toutes probabilités, que le *volvox* dont Sennebier a signalé la réviviscence. MM. Gavarret et Doyère, dans leurs travaux récents sur les animaux réviviscibles, ont parlé plusieurs fois de la réviviscence des volvox, et, ayant assisté moi-même à quelques-unes de leurs expériences, j'ai pu m'assurer que l'animal désigné par eux sous ce nom est bien de même espèce que l'infusoire observé le 3 juillet et les jours suivants, dans le verre 120 *a*, par les membres de la commission. Toutefois, notre collègue M. Balbiani, qui a étudié les infusoires d'une manière toute spéciale, et qui, retenu en province, n'avait malheureusement pas pu assister à la séance du 3 juillet, n'a pas reconnu le volvox sur le dessin que nous lui avons montré et qui est annexé au procès-verbal. Ce dessin a d'ailleurs été fait sous un trop faible grossissement (80 diamètres) pour que M. Balbiani ait pu caractériser exactement l'animal. Il pense que c'est un paramécium. Nous avons pu nous assurer depuis, comme on le verra dans la relation des expériences de la commission, que les paramécium sont des animaux réviviscibles. Il est fort douteux, au

large de $0^{mm},035$, est le seul être vivant qui existe dans nos sept préparations.

Le 4 juillet, à deux heures de l'après-midi, nous examinons de nouveau les préparations. Nous retrouvons l'infusoire d'hier, et rien de plus.

Le rapporteur a examiné plusieurs jours de suite le verre n° 120 *a*, où était l'infusoire en question. Cet animal était encore vivant le 9 juillet, jour où la préparation a été jetée. Il est resté entièrement seul jusqu'à la fin. Aucun autre infusoire, soit de la même espèce, soit d'une autre espèce, ne s'est montré dans cette préparation, excepté des monades qui n'y ont paru que le dernier jour.

Le résultat de cette expérience a été négatif pour ce qui concerne la réviviscence des rotifères, des tardigrades et des anguillules, et au moins douteux pour ce qui concerne la réviviscence de l'infusoire du verre 120 *a*. Quoique dix-huit heures seulement se soient écoulées entre le moment où la mousse a été humectée et celui où l'infusoire vivant a été découvert, et quoique cet infusoire soit au nombre de ceux dont la propriété de réviviscence a été rendue certaine par d'autres expériences, on ne saurait considérer comme démontré que l'animalcule observé le 4 juillet, à neuf heures du matin, ait été ranimé par l'humectation.

Nous savons qu'il ne venait pas de l'eau versée sur les mousses, puique le 3 juillet nous avions examiné la préparation pendant une heure et demie sans y apercevoir aucun être vivant.

Nous ne pensons pas que le délai de dix-huit heures soit suffisant pour que les partisans de l'hétérogénie puissent attribuer à cette cause le développement spontané d'un infusoire aussi volumineux aux dépens de substances organiques chauffées au delà de 100° pendant quarante-six minutes (1). D'ailleurs un animal seul, qui reste seul dans la même infusion pendant sept jours, ne peut guère être considéré comme le produit d'une génération spontanée.

Reste l'hypothèse d'un œuf déposé dans le verre de montre par l'atmosphère, et éclos dans la nuit du 3 au 4 juillet. Comme les six

---

contraire, que le véritable volvox soit réviviscible. Les infusoires n'ont été étudiés sous de forts grossissements que dans notre siècle, et il est probable que Sennebier a confondu les volvox avec les paramæciums.

(1) On sait que M. Pouchet, dans son TRAITÉ D'HÉTÉROGÉNIE, a démontré que les matières organiques soumises à des températures élevées, ne donnent lieu que très-tard au développement des infusoires, et que le retard est d'autant plus grand que la température a été plus élevée. Ce fait lui a fourni un de ses plus forts arguments en faveur de la doctrine qu'il soutient avec tant de talent.

autres verres préparés le même jour, et conservés sous la même cloche, n'ont présenté aucun infusoire, il faudrait admettre qu'un seul germe, ou du moins un très-petit nombre de germes, existait dans les trois litres d'air contenus sous la cloche. Ce n'est pas inadmissible.

On remarquera toutefois que les adversaires de l'hétérogénie accordent généralement à l'air atmosphérique une fertilité incomparablement plus grande. Il est donc assez probable que notre infusoire était un animal réviviscent, mais ce n'est qu'une probabilité, la certitude de la réviviscence ne pouvant être établie que par l'observation directe de l'animal, d'abord en état de mort apparente, puis en état d'activité. Or nous n'avons pas vu, le 3 juillet, le corps de l'animal que nous avons vu vivre le lendemain et les jours suivants. Nous ne l'avons pas vu pour deux raisons : d'abord parce que nous ne le cherchions pas ; mais nous ne l'aurions pas trouvé davantage, au milieu du sable et des débris de mousse, quand même il aurait existé et que nous l'aurions cherché attentivement ; car le corps d'un animal aussi petit disparaît derrière le moindre détritus de matière organique, et ne pourrait d'ailleurs être reconnu, en état d'immobilité, que sous des grossissements bien supérieurs à celui dont nous nous servions.

L'origine de cet infusoire reste donc douteuse, et nous n'en aurions pas parlé si nous ne savions, par les expériences ultérieures de MM. Gavarret et Doyère, que des infusoires de cette espèce, et de cette espèce seulement, se sont montrés habituellement en pleine activité, à côté des rotifères, dans les préparations faites avec des mousses et chauffées au delà de 100° (1).

Quoi qu'il en soit, messieurs, l'expérience du chauffage à 140° a complétement échoué, et le chauffage à 120° a détruit la propriété de réviviscence chez les rotifères, les tardigrades et les anguillules. M. Doyère avait eu soin de nous dire d'avance qu'il ne comptait pas beaucoup sur le succès. Il pensait que les mousses n'avaient pas séjourné assez longtemps sous la machine pneumatique. Obligé de quitter Paris, il voulait utiliser, avant de partir, les matériaux qu'il avait préparés, nous proposant d'ailleurs de reprendre ultérieurement l'expérience du chauffage au delà de 100°, dans des conditions plus favorables, et avec des appareils plus parfaits.

Nous n'avons pas cru devoir accepter cette proposition, parce que la préparation et l'exécution de l'expérience auraient pris beaucoup de

---

(1) Gavarret, QUELQUES EXPÉRIENCES SUR LES ROTIFÈRES, LES TARDIGRADES ET LES ANGUILLULES, dans les ANNALES DES SCIENCES NATURELLES, 4e série, t. XI, cahier V. Tirage à part, p. 15, en note. Paris, 1859, in-8°.

temps, et que d'ailleurs nous n'avions pas été chargés de déterminer la limite de la température où périssent définitivement les animaux réviviscibles, mais seulement d'examiner si ces animaux peuvent ou non résister à une chaleur de 100°. L'expérience du 27 juin terminait donc en réalité la série des faits que nous étions chargés de constater, et si nous avons pu sortir un instant, le 30 juin, des bornes de notre programme, nous n'avons pas voulu nous engager dans des recherches d'un autre ordre, qui auraient nécessairement retardé la présentation de notre rapport.

Les recherches relatives à la limite des températures que peuvent supporter les tardigrades et les rotifères ont été faites depuis par MM. Gavarret et   Vous en connaissez le résultat. Vous savez que ces expérimentations ont pu ranimer des animaux chauffés entre 110° à 115° centigrades.

Nous reviendrons plus loin sur cette importante question.

§ II. — EXPÉRIENCES DE M. POUCHET.

Les faits dont nous venions d'être témoins paraissaient déposer victorieusement en faveur des assertions de M. Doyère, et établir qu'un animal complétement desséché d'abord à froid, dans le vide sec, puis à chaud sous une température de 100°, peut encore revenir à la vie. Mais nous ne pouvions rien conclure avant d'avoir répété nous-mêmes l'expérience décisive du chauffage, et nous ne devions le faire qu'après avoir invité les honorables contradicteurs de M. Doyère à expérimenter devant nous à leur tour.

Ce n'était pas une simple question de convenance, c'était une exigence de la justice la plus élémentaire, et c'était en même temps le seul moyen d'arriver, par la comparaison des expériences, à éliminer autant que possible les causes d'erreurs.

Nous n'avons qu'à nous féliciter d'avoir suivi cette voie, car nous y avons gagné d'entrer en relation avec un des savants les plus estimés de notre époque, et d'assister à plusieurs expériences curieuses et nouvelles qui serviront à compléter l'histoire des animaux réviviscents.

Les conclusions présentées à la Société par MM. Pouchet et Pennetier, dans leur mémoire du 17 mai 1859, étaient les suivantes :

« 1° Les rotifères et les tardigrades *observés vivants*, et auxquels on « fait ensuite subir une dessiccation complète pendant vingt-quatre « heures, à une température de 25 à 30° centigr., ne reviennent jamais « à la vie, quels que soient les procédés que l'on ait suivis, soit pour « leur dessiccation, soit pour leur révivification.

« 2° Les rotifères et les tardigrades ou leurs œufs, qui se trouvent « dans la mousse des toits, après y avoir subi une dessiccation lente « et complète pendant un mois, périssent sans retour sous l'influence « d'une température de 100°, prolongée pendant une heure.

« 3° Assez souvent on s'aperçoit même que, loin de retrouver l'in« tégrité de leurs fonctions après la dessiccation, ces animaux, par « l'effet de celle-ci, ont éprouvé quelques graves lésions organiques « dans les appareils les plus essentiels à la vie.

« 4° L'endosmose qu'éprouvent quelques rotifères lorsqu'on les « plonge dans l'eau après leur dessiccation, a pu être prise par des ob« servateurs inattentifs pour un commencement de révivification. »

Avant de nous mettre en rapport avec M. Pouchet, nous avons dû examiner ces quatre conclusions. La quatrième n'était pas contestable; la troisième était la conséquence et comme l'explication de la seconde. La première était en contradiction avec plusieurs expériences exécutées devant nous par M. Doyère; mais la seconde conclusion, où nous lisions qu'une température de 100°, prolongée pendant une heure, tue sans retour les animaux, n'était nullement ébranlée par les faits dont nous avions été témoins. M. Doyère n'avait maintenu la température de 100° que pendant quelques minutes dans les expériences qui avaient réussi; tandis que MM. Pouchet et Pennetier l'avaient maintenue pendant une heure. Nous avons de fortes raisons de croire qu'une expérience aussi longue doit presque nécessairement aboutir au résultat annoncé par les expérimentateurs du Muséum de Rouen, et il est fort probable que, si ces derniers étaient restés sur le terrain où ils avaient d'abord placé le débat, nous n'aurions eu qu'à confirmer leur principale assertion. Mais M. Pouchet, qui a eu le mérite d'insister plus que ses devanciers sur l'importance de la durée des épreuves, et de démontrer que les épreuves en apparence les plus inoffensives peuvent devenir fort dangereuses avec le temps, M. Pouchet, disons-nous, a spontanément reconnu que la limite d'une heure pour l'épreuve du chauffage à 100°, était arbitraire et excessive. Le chauffage n'étant pour lui qu'un moyen de rendre la dessiccation complète et certaine, il a pensé avec raison que ce résultat devait être obtenu en moins d'une heure, et qu'une demi-heure de chaleur à 100° suffisait amplement pour enlever les derniers restes d'humidité, pourvu que la quantité de matières mise en expérience ne fût pas trop considérable. Il a donc, sans que nous le lui ayons demandé, réduit à trente minutes la durée de la grande expérience du chauffage, et vous verrez comme nous, dans cette détermination, une preuve de sa haute sincérité.

Le travail de MM. Pouchet et Pennetier n'était pas le seul que nous eussions à examiner. La Société avait reçu à peu près à la même époque une note de M. Tinel sur les rotifères et les tardigrades, et un mémoire de M. Pennetier sur la question spéciale des anguillules des toits.

Les faits annoncés par M. Tinel sont les suivants :

1° Les rotifères déposés *à nu* sur le verre, et exposés au soleil sous une température de 40 à 45°, perdent au bout de *trois heures* leur propriété de réviviscence; ils la perdent au bout de *vingt-quatre heures* si on les conserve à l'ombre, à la température ordinaire.

2° Déposés sur le verre avec une très-mince couche de sable et conservés à l'ombre, ils perdent leur propriété au bout de *trois jours*.

3° Déposés sur le verre avec un peu plus de sable, ils périssent définitivement au bout de *six jours* si on les expose au soleil, au bout de *quinze jours* si on les conserve à l'ombre.

4° Les tardigrades résistent moins que les rotifères; déposés sur le verre avec une certaine quantité de sable, ils sont tous morts définitivement au bout de cinq jours si on les conserve à l'ombre, au bout de quarante-huit heures si on les expose au soleil.

5° Les rotifères et les tardigrades, déposés avec du sable sur une plaque de verre, séchés à l'ombre pendant vingt-quatre heures, puis portés graduellement dans l'étuve au delà de la température qui coagule l'albumine et maintenus pendant quatre heures à la température de 80°, ont perdu sans retour leur propriété de réviviscence.

Le mémoire particulier de M. Pennetier, comme nous vous l'avons déjà dit, est relatif seulement aux anguillules des toits, et nous y trouvons l'énoncé des faits suivants :

1° Les anguillules des toits déposées sur une lame de verre et conservées pendant plusieurs jours, soit à l'ombre, sous une température de 20 à 25°, soit au soleil sous une température de 35 à 45°, ne sont plus ranimées par l'humectation.

2° Les anguillules des toits déposées sur le verre, recouvertes d'une couche de sable, et conservées soit à l'ombre soit au soleil, perdent également leur propriété de réviviscence au bout d'un nombre de jours d'autant moindre que la couche de sable est moins épaisse.

3° La poussière des mousses, tamisée à plusieurs reprises, conservée en couche épaisse, à l'ombre, et sous une température de 25°, recèle encore des animaux réviviscibles au bout de dix-huit jours. Si alors on la chauffe graduellement en petite quantité, toutes les anguillules qu'elle renferme périssent sans retour après avoir supporté pendant deux heures une température de 75°.

Tels sont, messieurs, les faits qui nous ont été annoncés par les adversaires de M. Doyère. Nous n'aurons pas besoin de les discuter isolément; vous avez remarqué sans doute que la plupart de ces faits sont en opposition avec les résultats des expériences que nous vous avons déjà exposés en détail. Vous n'en devez pas conclure cependant qu'ils aient été mal observés. Nous tenons pour certain que les expérimentateurs de Rouen ont vu et bien vu ce qu'ils nous rapportent, et la différence des résultats obtenus ne peut être attribuée qu'à la différence des conditions au milieu desquelles les animaux ont été desséchés. Il est probable, d'une part, que les mousses employées à Rouen étaient peu favorables au succès des expériences; elles avaient été récoltées « au mois de mai dans une gouttière des combles de la cathédrale de « Rouen, *à un endroit ombragé par la tour Georges d'Amboise* (1). » Le terreau abondant qui fut extrait de leurs racines était noir, et cette couleur, due à la décomposition des matières organiques, était l'indice d'une humidité habituelle. Or, il nous paraît certain que la résistance des animaux varie considérablement suivant le degré d'humidité du milieu où ils ont été élevés. Les mousses mises en expérience par M. Doyère avaient été récoltées, au contraire, en petites touffes, sur des toits ou sur des rochers exposés au soleil, et la matière terreuse contenue dans leurs racines était non pas du terreau véritable, mais plutôt une sorte de sable aride et jaunâtre. Voilà donc une première circonstance qui était de nature à faire échouer les expériences de Rouen. Il en est une autre sans doute dont il faut tenir compte également. Il ne nous paraît pas certain que MM. Pouchet, Pennetier et Tinel, dans leurs premiers essais, aient procédé à la dessiccation avec une lenteur suffisante. Par exemple, nous ne voyons pas dans leurs relations que les animaux déposés *à nu* sur une lame de verre aient été recouverts d'un verre de montre pendant quelques heures; M. Doyère attache beaucoup d'importance à cette précaution, qui est destinée à retarder l'évaporation.

Nous remarquons, en outre, que l'opération du chauffage n'a pas été précédée d'une dessiccation à froid, d'abord sous la cloche sèche, puis dans le vide sec. Enfin, nous pouvons supposer que les animaux ont été humectés directement au sortir de l'étuve sans passer sous la cloche humide. M. Pouchet, dans les expériences qu'il a exécutées devant nous, s'est plusieurs fois conformé à ces préceptes, mais il les considérait comme illusoires; il pensait même que l'expérience préalable du vide sec était plutôt nuisible qu'utile, et qu'elle était capable à elle seule de mettre à mort les animaux. Tandis que M. Doyère recomman-

(1) Pouchet, ACTES DU MUSÉUM DE ROUEN. NOUVELLES EXPÉRIENCES SUR LES ANIMAUX PSEUDO-RESSUSCITANTS. Rouen, 1860, in-8°, p. 25. Voy. aussi p. 19 et p. 9.

dait d'éviter tout changement brusque, et de ménager des transitions graduelles, pour respecter l'organisation délicate des rotifères et des tardigrades, le professeur de Rouen annonçait au contraire que ces animaux peuvent sans inconvénient franchir tout à coup 100° de température. Ce fut l'objet de la première expérience de M. Pouchet, expérience la plus étonnante peut-être de toutes celles qui ont été faites jusqu'ici sur les animaux réviviscents.

Les expériences de M. Pouchet ont été commencées le 12 août 1859 et terminées le 2 novembre.

Matériaux des expériences. — Ces matériaux ont été apportés de Rouen par M. Pouchet.

1° Mousses provenant de la cathédrale de Rouen ; récoltées le 9 août, elles ont été humectées à Rouen le 10 août. Elles sont encore assez humides pour que la pression en fasse sortir quelques gouttes de liquide.

2° Terreau noir provenant de ces mêmes mousses avant leur humectation et passé au gros tamis.

3° Terreau noir provenant de ces mêmes mousses avant leur humectation et passé au tamis de soie.

4° Terreau recueilli le 8 juin 1859 sur la cathédrale de Rouen, et renfermant un grand nombre d'animaux qui ont cessé d'être réviviscibles, quoique ce terreau n'ait été soumis à aucun procédé de dessiccation artificielle.

La première partie de la séance du 12 août est consacrée à l'examen de ces divers matériaux. On ranime aisément les animaux des n°s 1, 2 et 3. Le terreau n° 4, conformément à l'assertion de M. Pouchet, ne renferme que des animaux absolument et définitivement morts; examinés trois jours de suite après l'humectation, ils ne se sont pas ranimés.

M. Pouchet nous montre l'étuve dont il se sert habituellement pour ses expériences de chauffage. Voici comment il décrit lui-même cet appareil :

« Cette étuve se compose d'une gouttière en cuivre rouge, de 50 centimètres « de longueur sur 10 de largeur et 2 de profondeur. Le fond de cette gout- « tière est recouvert d'une plaque en verre mobile, sur laquelle on pose ho- « rizontalement un thermomètre. L'appareil est recouvert d'une lame en « verre, pour qu'on puisse, à chaque instant, apprécier la température qu'ac- « cuse le thermomètre. Cette étuve, soutenue par deux pieds de métal, est « chauffée à l'une de ses extrémités par une petite lampe (1). »

La substance que l'on se propose de chauffer est déposée sur la plaque de verre inférieure, au niveau de la boule du thermomètre ou même sur la boule de ce thermomètre. La chaleur de la lampe, communiquée à la plaque de cuivre, se transmet à l'air contenu dans l'étuve, mais elle est nécessairement beaucoup plus considérable à l'extrémité qui correspond à la lampe qu'à l'extrémité opposée. Pour faire varier la température de la substance

(1) Pouchet, Recherches et expériences sur les animaux ressuscitants. Paris, 1859, in-8, p. 60.

qu'il dessèche, M. Pouchet n'a pas besoin de toucher à sa lampe. Il se contente de faire glisser horizontalement la plaque de verre inférieure, de manière à rapprocher ou à éloigner la boule du thermomètre horizontal de l'extrémité la plus chaude de l'étuve.

Toutefois, quand la température accusée par le thermomètre s'élève un peu trop vite, il soulève pendant quelques instants la plaque de verre supérieure qui forme le couvercle de l'étuve, ce qui permet à l'air extérieur de prendre la place de l'air chaud. Ajoutons enfin que la boîte n'est jamais close hermétiquement, et que deux ouvertures opposées, dont l'une donne passage au tube du thermomètre, permettent à l'air de se renouveler pendant le chauffage.

Cette étuve est simple et facile à manier, et avec un peu d'habitude elle permet de régler assez bien la température du thermomètre. Mais les commissaires ont craint qu'elle n'eût pas une précision suffisante, et M. Pouchet, pour écarter cette objection, s'est servi dans deux de ses expériences soit de l'étuve de Gay-Lussac, soit d'un appareil particulier qui sera décrit en temps et lieu, et qui a été préparé par notre collègue M. Berthelot.

Exp. IX. — ANIMAUX SOUMIS A UN FROID DE 16°, PUIS EXPOSÉS SUBITEMENT A UNE CHALEUR DE 78° ET SUBISSANT AINSI INSTANTANÉMENT UN CHANGEMENT DE 94° DE TEMPÉRATURE. RÉVIVISCENCE.

Le 12 août 1859, à trois heures trente minutes, M. Pouchet introduit au fond d'une longue éprouvette environ 20 centigrammes du terreau n° 2, et plonge cette éprouvette dans un mélange réfrigérant. Un thermomètre qui surmonte le terreau dans l'éprouvette marque :

A 3 heures 35 minutes une température de		+ 1°.
A 3 heures 40 minutes	—	— 9°.
A 3 heures 50 minutes	—	— 16°.
A 3 heures 55 minutes	—	— 16°.

Pendant que le terreau refroidissait dans la glace, on chauffait l'étuve-Pouchet à la température de + 78°.

A trois heures cinquante-cinq minutes, M. Pouchet retire l'éprouvette, entr'ouvre rapidement l'étuve, et verse le terreau sur la boule du thermomètre, qui est à 78°. Le terreau retombe sur la plaque de verre, dont la température est *au moins* de 78°.

A quatre heures dix minutes, après quinze minutes de séjour dans l'étuve, et sous une température de 78° *au moins*, le terreau est retiré, placé en entier dans le verre de montre n° 1, et arrosé immédiatement d'eau froide, avant même d'être refroidi.

Ce verre de montre, recouvert d'un autre, est scellé sous la cloche humide pour être examiné demain.

Le treize août, à deux heures trente-cinq minutes, nous l'examinons. Nous y trouvons plusieurs rotifères vivants et des tardigrades vivants, mais peu vigoureux. Aucune anguillule n'existe dans la préparation. Tous les animaux sans exception se sont ranimés.

Exp. X. — AUTRE EXPÉRIENCE SEMBLABLE. CHANGEMENT SUBIT DE 95°,6. RÉVIVISCENCE.

Le douze août, à quatre heures, une très-petite quantité du terreau n° 3, tamisé au tamis de soie, est placée de la même manière dans le mélange réfrigérant.

A quatre heures quatorze minutes, la température de l'éprouvette est descendue à 17°,6 au-dessous de zéro.

On projette le terreau avec soin sur la boule du thermomètre de l'étuve-Pouchet. Étant plus fin que le terreau n° 2, il reste sur la boule au lieu de retomber sur la plaque.

Température de l'étuve, à 4 heures 14 minutes + 78°.
— à 4 heures 15 minutes + 76°.
— à 4 heures 17 minutes + 78°.
— à 4 heures 23 minutes + 84°. On soulève légèrement le couvercle.
— à 4 heures 28 minutes + 78°.
— à 4 heures 32 minutes + 78°.

Après un séjour de dix-huit minutes dans l'étuve, le terreau est placé dans le verre de montre n° 2, qu'on recouvre aussitôt d'un autre.

A cinq heures, on humecte la préparation et on la scelle sous la cloche humide.

Le 13 août, à deux heures trente minutes, nous examinons le verre n° 2 ; nous y trouvons un macrobiote et un rotifère parfaitement vivants, plus une anguillule morte.

De toutes les épreuves auxquelles on a soumis jusqu'ici les animaux réviviscibles celle qui précède est à coup sûr la plus prodigieuse. Avant cette belle expérience de M. Pouchet, on n'avait qu'une idée très-incomplète de la résistance des tardigrades et des rotifères, et il est presque incroyable que dans un échauffement aussi rapide, dans un saut instantané de près de 100° de température, la dilatation brusque des tissus n'en produise pas la rupture. Mais il faut bien se rendre à l'évidence, et reconnaître que M. Pouchet a découvert une des propriétés les plus extraordinaires des rotifères et des tardigrades. Il est bien entendu que cette propriété ne leur appartient que lorsqu'ils ont été desséchés quelque temps à l'air libre, lorqu'ils sont dans cet état où leur vie est amoindrie suivant les uns, éteinte suivant les autres, et M. Pouchet a fourni sans le vouloir à ses adversaires un argument nouveau, qui, pour n'être pas sans réplique, n'en est pas moins saisissant. Si l'on posait la question suivante à un homme versé dans la connaissance de la nature, mais non encore initié à l'histoire des rotifères : un corps qui peut, sans s'altérer et sans perdre aucune de ses propriétés, passer subitement de 17° au-dessous de glace à 78° au-dessus de 0, ce corps est-il mort ou vivant? la première réponse qui se présenterait à l'esprit serait certainement qu'un être vivant ne peut résister à une pareille épreuve. Mais les réflexions générales que nous vous avons présentées dans la première partie de ce rapport ne nous permettent pas de considérer cette conclusion comme rigoureuse. Nous ne nous y arrêterons donc pas plus longtemps, et nous examinerons maintenant l'argument que M. Pouchet a tiré de sa découverte.

Nous avons déjà dit combien M. Doyère attache d'importance à la lenteur et à la gradation nuancée des préparations qu'il fait subir aux animaux avant de les soumettre aux épreuves les plus dangereuses. Il attribue en grande partie les insuccès de ses contradicteurs à l'insuffisance des précautions qu'ils ont prises. C'est pour réfuter cette interprétation et pour démontrer que les précautions exigées sont illusoires, que M. Pouchet a institué sa remarquable expérience. Que deviennent maintenant, dit-il, la délicatesse extrême des organes et la fragilité excessive des tissus qu'on a signalées chez les animaux réviviscents? Ne voit-on pas au contraire que ces êtres possèdent une organisation d'une résistance extraordinaire? C'est à cette organisation exceptionnelle qu'ils doivent la propriété de conserver la vie sous des températures qui deviennent mortelles pour d'autres animaux. Mais il y a une température où, comme tout ce qui a vie, ils finissent par périr. C'est entre 80 et 90° qu'est située cette limite pour les rotifères et les tardigrades; au-dessous de 80° ils peuvent, sans aucune prudence, sans aucune transition, être impunément exposés à toutes les températures; au-dessus de 90°, aucune précaution ne peut les soustraire à la mort, à une mort définitive. Tel est l'argument de M. Pouchet, et vous reconnaîtrez, messieurs, qu'il mérite d'être examiné sérieusement.

Mais nous vous ferons remarquer que les règles expérimentales données par M. Doyère sont applicables seulement aux animaux qu'on veut soumettre à des épreuves dangereuses, et le chauffage à 80° n'a jamais constitué à ses yeux une épreuve dangereuse. C'est pour franchir cette température que les précautions sont nécessaires. Nous ajoutons que M. Doyère, sans mettre en doute les altérations anatomiques que la dilation par la chaleur pourrait faire subir aux tissus, s'est préoccupé principalement des altérations chimiques que subissent les matières organiques, lorsqu'on les chauffe jusqu'au voisinage ou jusqu'au delà de 100° avant de les avoir entièrement desséchées. Ce n'est donc pas seulement l'application de la chaleur qui a besoin d'être lente et graduelle; c'est surtout la dessiccation préalable des tissus; et tandis que M. Doyère prescrit de dessécher les animaux d'abord à l'air libre, puis sous la cloche sèche, puis dans le vide sec pendant plusieurs jours, il n'hésite pas, lorsqu'une fois il les a mis dans l'étuve, à les faire passer promptement de la température ordinaire à la température de 100°. M. Pouchet, au contraire, faisant peu de cas des opérations préalables de la dessiccation, prolonge considérablement l'épreuve du chauffage, et la différence de ces procédés nous fournira bientôt l'explication des résultats contradictoires obtenus devant nous par les deux expérimentateurs.

Après les expériences précédentes, celle qui suit vous paraîtra sans doute peu importante; nous la reproduirons toutefois parce qu'elle nous a montré un fait jusqu'ici sans exemple : la réviviscence d'une grosse anguillule chauffée sans aucune préparation à 78°.

Exp. XI. — TERREAU CHAUFFÉ PENDANT TRENTE MINUTES A 78°. RÉVIVISCENCE DES ROTIFÈRES ET D'UNE GROSSE ANGUILLULE.

Le 12 août 1859, M. Pouchet répand sur la plaque de verre de son étuve, en couche mince, étroite et rectangulaire, une petite quantité de terreau n° 3. La boule du thermomètre est appliquée sur ce terreau.

Il est quatre heures trente-huit minutes, l'étuve est chaude, mais la température ne peut être exactement appréciée, car le thermomètre vient d'être placé à l'instant.

A quatre heures quarante-cinq minutes, le thermomètre marque 78°. Cette température doit être maintenue trente minutes, c'est-à-dire jusqu'à cinq heures quinze minutes. Parfois cependant le thermomètre monte à 80°. Alors M. Pouchet découvre un peu l'étuve ou repousse légèrement la plaque de verre qui supporte le thermomètre; parfois aussi la température descend à 76° : alors on repousse la plaque en sens inverse.

A cinq heures quinze minutes, après trente minutes d'une température d'environ 78°, la poussière est retirée, placée dans le verre de montre n° 4, humectée immédiatement avec de l'eau froide, et scellée sous la cloche humide.

Le 13 août, à deux heures quarante minutes, nous examinons le verre n° 4; nous y trouvons plusieurs rotifères tous bien vivants. Il n'y a pas de corps de tardigrades dans la préparation. Dans un coin nous apercevons une *grosse* anguillule dont nous n'avons pas mesuré la longueur, mais dont la largeur est de 1 dixième de millimètre. C'est par conséquent une anguillule adulte, parvenue à un volume qu'atteignent rarement les anguillules des toits. Cet animal exécute de légers mouvements que nous avons d'abord voulu attribuer à quelque cause extérieure, mais bientôt nous avons pu constater qu'il s'agissait bien réellement d'un mouvement musculaire, et l'examen a été répété à plusieurs reprises, avec le même résultat, jusqu'à la fin de la séance qui s'est prolongée jusqu'à quatre heures.

Pour faire ressortir l'importance de ce dernier fait, nous vous dirons d'abord que jusqu'ici personne n'avait pu ranimer une anguillule chauffée au delà de 70°. C'est à cette température que M. Davaine a vu périr les anguillules de la nielle, et M. Pennetier, qui a vu revivre une seule fois une toute petite anguillule des toits chauffés à 70°, n'a jamais pu réussir à en sauver une seule au delà de cette température. Nous ajouterons, comme une autre singularité, que l'animal ranimé sous nos yeux était bien positivement une anguillule *adulte*. Or ce sont celles-là précisément qui passent pour être les moins réviviscibles. Vous n'avez pas oublié les intéressantes recherches de M. Davaine sur le parallèle des petites et des grandes anguillules de la nielle. Les premières, qui sont des larves, possèdent seules la propriété de réviviscence, et peuvent la conserver pendant un très-grand nombre d'années, tandis que les adultes, desséchées seulement pendant deux heures à l'air libre et à la température ordinaire, ne peuvent jamais être ranimées.

On savait bien que les anguillules de la nielle ne sont pas de la même espèce que celles des toits; on savait bien que ces dernières sont réviviscibles même à l'état adulte, mais on savait encore qu'elles périssent très-fréquemment dans la sécheresse naturelle, qu'elles se raniment bien plus difficilement que les anguillules du blé, et l'on pouvait les considérer dès lors comme beaucoup moins réviviscentes. Le fait que nous avons observé prouve que cette conclusion était prématurée. Nous ne pouvons vous dire s'il doit être considéré comme exceptionnel, et nous ne savons pas davantage si des anguillules plus petites et plus jeunes auraient pu résister à une pareille épreuve. C'est un sujet de recherches que nous signalons aux expérimentateurs, et si l'on songe que dans l'expérience précédente le terreau, avant d'être chauffé, n'avait été soumis à aucun procédé de dessiccation artificielle, on est conduit à supposer qu'il ne sera pas impossible de ranimer les anguillules des toits après les avoir chauffées bien au delà même de 70°.

Revenons maintenant aux tardigrades et aux rotifères.

Vous savez déjà que M. Pouchet repousse les idées de M. Doyère sur l'utilité de la dessiccation préalable. Suivant lui, les chances de la révivification diminuent d'autant plus que la dessiccation est plus avancée; et dans les expériences de chauffage, ce n'est pas la chaleur, c'est la soustraction de l'eau qui tue surtout les animaux. A l'appui de cette opinion, le professeur de Rouen invoque une série d'expériences beaucoup plus simples et beaucoup plus faciles que les épreuves du chauffage, d'expériences qui se font pour ainsi dire toutes seules, à l'air libre, et à la température ordinaire de l'été. Pourvu, dit-il, que le terreau soit étalé en couche suffisamment mince, l'évaporation spontanée suffit pour enlever en peu de temps la quantité d'eau nécessaire à la vie, et à partir de ce moment les animaux ne peuvent plus se ranimer. Ainsi, dans une série d'observations faites pendant l'été sur du terreau étalé en couche mince et desséché naturellement à une température moyenne de 20 à 27°, il a vu le nombre des révivifications diminuer de jour en jour; passé le neuvième jour, le succès est devenu exceptionnel, et aucun animal ne s'est ranimé plus tard que le seizième jour. Dans le même terreau, exposé chaque jour au soleil, presque tous les animaux étaient déjà définitivement morts au bout de trois jours, et aucun n'a pu revenir après la fin du huitième jour (1). Le reste du terreau qui avait servi à ces observations nous a été présenté le 12 août 1859 par M. Pouchet, et nous avons constaté qu'effectivement tous les animaux étaient morts sans retour.

M. Pouchet a voulu nous rendre témoin de cette expérience, dont l'importance n'échappera à personne, et il l'a exécutée sous deux formes différentes, prenant d'abord du terreau sec dispersé sur le verre au moyen d'un tamis, puis des animaux ranimés une première fois, et desséchés sur des plaques de verre ou dans des verres de montre.

Quoique le résultat n'ait pas entièrement répondu à son attente, il mérite de vous être présenté, parce qu'il est de nature à modifier les idées qu'on se fait généralement de la permanence de la propriété de réviviscence.

Exp. XII. — POUSSIÈRE FERTILE ÉTALÉE EN MINCE COUCHE SUR UNE GRANDE PLAQUE DE VERRE, GARDÉE D'ABORD DIX JOURS A L'OMBRE, PUIS EXPOSÉE AU SOLEIL PENDANT SOIXANTE-HUIT JOURS. LA PLUPART DES ANIMAUX ONT PERDU AU BOUT DE CE TEMPS LEUR PROPRIÉTÉ DE RÉVIVISCENCE.

Le 13 août 1859, une certaine quantité de terreau n° 3 est tamisée au tamis

---

(1) Voy. pour le tableau de ces observations le mémoire de M. Pouchet, RECHERCHES ET EXPÉRIENCES SUR LES ANIMAUX RESSUSCITANTS. Paris, 1859, in-8°, p. 89 et 90. On lit, p. 88, la conclusion suivante, qui est la dixième : « A l'ombre, en été, par une température moyenne de 25°, en moins de vingt « jours les rotifères, les anguillules des toits et les tardigrades réviviscents « périssent absolument et sans retour. » Cette conclusion s'applique seulement aux animaux préalablement ranimés et conservés dans des verres de montre ou sur des plaques de verre, comme il sera dit dans l'expérience XIII. Quant aux animaux étalés en couche mince sur le verre, sans humectation préalable, M. Pouchet s'est borné à dire dans sa sixième conclusion qu'ils périssent en été en moins de deux mois. Enfin dans la quatrième conclusion de son second mémoire sur les ANIMAUX PSEUDO-RESSUSCITANTS, Rouen, 1860, in-8°, il dit, p. 29 : « que la dessiccation et la mort arrivent en moins de trois « mois, en automne, sur les animalcules exposés au soleil. »

de soie au-dessus d'une plaque de verre de 30 centimètres carrés, et disposée en couche tellement mince que les grains de poussière ne se touchent même pas.

On ratisse avec une carte un coin de la plaque, et la poussière qui en est retirée, recueillie dans le verre de montre n° 5, est humectée pour servir de critérium. Ce verre de montre, enfermé et scellé sous la cloche humide est examiné au bout de trois jours : nous y trouvons plusieurs animaux vivants et un très petit nombre de cadavres. La poussière répandue sur la plaque est donc fertile.

Le 13 août, à cinq heures quarante minutes, la grande plaque est enfermée dans une grande boîte en verre, de 40 centimètres de côté. Elle repose horizontalement sur des supports en verre, au milieu à peu près de la hauteur de la boîte. Celle-ci est ficelée et cachetée. Elle ne ferme pas hermétiquement.

Le 23 août, après dix jours de séjour dans le laboratoire de physique, la caisse est transportée dans les combles de la Faculté. On l'installe en ma présence dans un grenier qui fait en partie saillie au-dessus des plombs. C'est par les plombs qu'on y pénètre, à travers une espèce d'antichambre qui s'élève de plus d'un mètre au-dessus des plombs voisins, et qui, recouverte d'un toit en plomb, est entièrement vitrée du côté du sud, du nord et de l'ouest. C'est dans cette antichambre qu'on dépose la boîte contre la paroi vitrée qui regarde le sud. Il est onze heures du matin, la température du grenier est très-chaude. Le soleil pourtant n'y pénètre pas encore, mais il viendra bientôt, et rayonnera jusqu'au soir sur la boîte en verre où les animaux sont renfermés.

M. Pouchet, en commençant cette expérience pense qu'au 1er octobre tous les animaux auront perdu leur propriété de reviviscence. Mais plusieurs commissaires ayant quitté Paris pendant les vacances, la fin de l'expérience a été retardée jusqu'au 31 octobre.

Le 31 octobre, à dix heures du matin, la caisse est toujours en place ; on la transporte dans le laboratoire de physique. Les scellés sont intacts. On retire la grande plaque, et l'on dispose sur une lame de verre A un peu de la poussière qu'elle supporte. La préparation est humectée et scellée sous la cloche humide.

Le 1er novembre, à deux heures de l'après-midi, on fait pénétrer une nouvelle quantité d'eau sous la cloche sans toucher aux scellés.

Le 2 novembre, à dix heures quarante minutes du matin, on brise les scellés, et l'on place la lame de verre A sous le microscope.

Nous y voyons d'abord cinq cadavres de rotifères et de tardigrades. Chaque commissaire examine attentivement la préparation sans y découvrir autre chose. Cet examen est du reste assez difficile, parce que la préparation occupe une étendue assez considérable, qu'elle renferme beaucoup de sable, et qu'elle est très-peu transparente. Nous étions sur le point de conclure que tous les animaux étaient morts, et de recommencer une nouvelle préparation, lorsque M. Pouchet revenant une dernière fois au microscope, découvrit enfin un rotifère vivant. Cet animal exécutait à peine quelques légères contractions, et M. Pouchet n'était pas éloigné de croire qu'il allait bientôt mourir. Mais quelques instants après nous le vîmes exécuter des mouvements d'ensemble, déployer ses roues, avaler l'eau et attirer sa proie.

Nous regrettons de n'avoir pas fait d'autre préparation avec la même poussière pour apprécier approximativement la proportion relative des animaux réviviscibles et de ceux qui ne l'étaient plus. M. Pouchet, rappelé à Rouen par ses fonctions devait quitter Paris, le lendemain, et nous ne pûmes pas prendre avec lui un autre rendez-vous. Il résulte néanmoins de ce que nous avons vu que sur 6 animaux mis en observation, 5 avaient déjà perdu, après soixante-dix-huit jours de dessiccation naturelle, leur propriété de réviviscence. Il nous paraît probable que quelques semaines de plus auraient suffi pour anéantir chez tous cette propriété. M. Pouchet m'a envoyé, il y a quelques semaines, un peu de terreau de même provenance que le précédent, et traité par lui de la même manière dans une expérience qu'il a faite à Rouen, à partir du 10 août 1859. Le nombre des animaux réviviscents a été en diminuant chaque semaine jusqu'au commencement de novembre, et depuis lors aucun animal n'a pu se ranimer. J'ai fait avec ce terreau plusieurs préparations, et je n'ai pu en retirer que des cadavres. J'en ai donné à M. Doyère qui n'a pas mieux réussi que moi. M. Pouchet, à la suite de ses premières expériences, faites dans le cœur de l'été et sous une température tout à fait exceptionnelle, a pu être conduit à exagérer la rapidité avec laquelle survient la mort définitive des animaux soumis à son procédé de dessiccation naturelle; mais une différence de quelques semaines, ou même de quelques mois, n'atténue en rien l'importance du fait qu'il nous a présenté, et quoique l'expérience n'ait pas été faite jusqu'au bout sous nos yeux, nous en avons vu assez pour considérer comme très-probable que les animaux disposés en couche mince et exposés au soleil peuvent perdre en trois mois, en automne, et plus tôt encore en été, leur propriété de réviviscence. Nous aurons à chercher plus loin l'explication de ce phénomène.

Exp. XIII. — Animaux desséchés sur verre, et ranimés au bout de soixante-dix-huit jours.

Le 12 août, à quatre heures trente minutes, M. Pouchet fait onze préparations avec le terreau n° 3, savoir 5 sur des plaques de verre, et 6 dans des verres de montre. Il les humecte, et à cinq heures du soir nous les scellons sous la cloche humide.

Le 13 août, de deux à quatre heures, nous collons une étiquette sur chaque plaque et sous chaque verre de montre. Puis examinant successivement les préparations nous comptons autant que possible le nombre des animaux vivants de chaque espèce qu'elles renferment, et nous inscrivons ce résultat sur l'étiquette correspondante, qui reçoit en outre, sur l'invitation de M. Pouchet, la signature du rapporteur.

On dépose les onze préparations sous une grande cloche tubulée par en haut, qui repose sur plusieurs feuilles de papier joseph, au milieu du laboratoire de physique. On pose les scellés sur la cloche.

M. Pouchet annonce que le 1er octobre prochain les animaux seront définitivement morts. L'examen n'a pu être fait qu'un mois plus tard.

Le 31 octobre, à dix heures quinze minutes du matin, la cloche est toujours en place. Les scellés sont intacts. On les brise. On humecte toutes les préparations, on verse de l'eau sur le papier joseph, et l'on pose de nouveau les scellés sur la cloche. On ferme, en outre, la tubulure avec un bouchon qu'on scelle avec de la cire à cacheter.

Le 1er novembre, à deux heures du soir, nous ajoutons de l'eau sur le papier joseph qui supporte la cloche, sans toucher aux scellés.

Le 2 novembre, à dix heures cinq minutes du matin, nous brisons les scellés, et nous examinons successivement toutes les préparations. Toutes renferment un ou plusieurs animaux vivants et un ou plusieurs cadavres endosmosés. Le nombre des vivants est un peu plus considérable que celui des morts. Par exemple, dans l'une des préparations, de 8 animaux inscrits sur l'étiquette, 5 ont revécu (4 rotifères et 1 tardigrade). Les 3 autres animaux (2 rotifères et 1 tardigrade) ont été retrouvés morts ou endosmosés.

Aucune anguillule ne s'est ranimée quoiqu'il y en eût 8 inscrites sur les diverses étiquettes.

Ce résultat, comparé au précédent, a paru surprendre M. Pouchet. Il pensait que les animaux desséchés sur verre après avoir été humectés, devaient mourir plus vite que ceux de l'expérience XII; c'est le contraire qui a eu lieu, et tandis que chez ces derniers la réviviscence a été exceptionnelle, les premiers au contraire ont fourni plus de vivants que de morts. Nous croyons pour notre part que les animaux renfermés dans la poussière qui a été exposée au soleil sur les toits de la Faculté, ont éprouvé des variations d'humidité et de température plus fréquentes, plus brusques et plus considérables que ceux qui sont restés constamment sous une cloche dans le laboratoire de physique, et c'est à cette cause que nous attribuons la différence des résultats. Mais il n'en est pas moins certain que le 31 octobre, après soixante-dix-huit jours de dessiccation naturelle à l'ombre, et à la température ordinaire, bon nombre d'animaux, presque la moitié, avaient perdu leur propriété de réviviscence, et il nous paraît probable que quelques mois de plus auraient suffi pour la faire perdre aux autres. Nous aurons à nous expliquer plus loin sur la cause de ce phénomène, dont MM. Pouchet, Pennetier et Tinel ont fait ressortir l'importance, quoiqu'ils n'en aient peut-être pas donné la véritable explication.

M. Pouchet s'était proposé de démontrer par les expérience précédentes que la dessiccation naturelle suffit pour tuer sans retour les animaux. Ses autres expériences ont eu pour but d'établir que la dessiccation artificielle amène promptement le même résultat, et qu'aucun animal ne peut supporter, sans périr irrévocablement, une température de 100° prolongée pendant trente minutes. Suivant lui, les anguillules meurent vers la température de 75°; les tardigrades, entre 80 et 85°; les rotifères entre 85 et 90°, et cette limite de 90° est la dernière qui soit compatible avec le maintien de la vie chez les animaux soumis jusqu'ici aux expériences.

Exp. XIV. — Animaux chauffés a 100° dans l'étuve Pouchet; non-reviviscence.

Le 16 août 1859, à dix heures du matin, on prend une certaine quantité de terreau n° 3 et on la divise en deux parties.

L'une, déposée dans le verre de montre n° 7 est immédiatement humectée pour servir de critérium. On la scelle sous la cloche humide, et le lendemai on y trouve des animaux vivants. Le terreau est donc fertile.

16 août. La seconde partie du terreau est disposée en couche mince sur la plaque de verre inférieure de l'étuve Pouchet, sous la forme d'une étroite bande transversale large de 3 à 4 millimètres. Le thermomètre est couché au-dessus de telle sorte que le tiers extrême de la boule recouvre le milieu de la bande de terreau.

Il est dix heures cinquante minutes; l'étuve est froide; le thermomètre marque 25°.

On chauffe graduellement l'étuve, conformément au tableau suivant, tracé à l'avance par M. Pouchet; de cinq en cinq minutes les commissaires s'assurent que le chauffage ne s'écarte pas sensiblement des moyennes indiquées.

11 heures du matin	65°
11 heures trente minutes	67° 50
Midi	70°
Midi trente minutes	72° 50
1 heure	75°
1 heure trente minutes	77° 50
2 heures	80°
2 heures trente minutes	82° 50
3 heures	85°
3 heures trente minutes	87° 50
4 heures	90°
4 heures trente minutes	92° 50
5 heures	95°
5 heures trente minutes	97° 50
6 heures	100°
6 heures trente minutes	100°

A six heures trente minutes, on éteint le feu et l'on retire le terreau qu'on répartit dans les deux verres de montre *a* et *b*.

Ce terreau a été chauffé pendant sept heures et demie; il a supporté pendant quatre heures et demie une température égale ou supérieure à 80°; pendant deux heures et demie une température égale ou supérieure à 90° ; pendant une heure et demie une température égale ou supérieure à 95° ; enfin, pendant trente minutes une température de 100°. Cette température de 100° n'est même qu'un minimum ; c'est celle qu'a marquée le thermomètre, mais il n'est pas impossible que le terreau, répandu en couche mince sur la plaque de verre qui supporte le thermomètre, ait subi une température supérieure de quelques degrés à celle qu'annonce la dilatation du mercure.

Les deux verres de montre *a* et *b*, renfermant le terreau sec, sont placés sous un entonnoir, et scellés dans une armoire à six heures trente-cinq minutes.

Le 17 août, à une heure vingt minutes, nous les plaçons sur un liége flottant dans l'eau, et nous recouvrons le tout d'une cloche sur laquelle nous apposons les scellés.

Le 18 août, à trois heures dix minutes, les deux préparations sont humectées et scellées de nouveau sous la cloche humide pour être examinées le lendemain.

Le 19 août, à quatre heures, nous brisons les scellés. Les deux verres *a* et *b* renferment beaucoup de corps de rotifères, les uns endosmosés et déployés, les autres rétractés en boule, et quelques cadavres de tardigrades flottant à vau-l'eau. Aucun animal vivant, si ce n'est quelques très-petits infusoires.

La préparation n'a plus été examinée.

Dans cette expérience, M. Pouchet a suivi très-exactement les préceptes de M. Doyère pour l'humectation après le chauffage, mais il n'a pas pris le soin de dessécher préalablement les animaux à froid. Cette précaution a été prise, quoique peut-être d'une manière insuffisante, par la faute de l'appareil, dans l'expérience qui suit.

EXP. XV. — ANIMAUX DESSÉCHÉS SUR VERRE PENDANT CINQ JOURS SOUS LA MACHINE PNEUMATIQUE ET CHAUFFÉS A 100° PENDANT TRENTE MINUTES DANS L'ÉTUVE DE GAY-LUSSAC. NON-RÉVIVISCENCE.

Le 12 août 1859, on prépare avec le terreau n° 2 deux plaques de verre et cinq verres de montre. On les humecte et l'on constate le jour même qu'il y a partout des animaux vivants. A cinq heures on scelle les préparations sous la cloche humide, qui repose sur plusieurs couches de papier joseph.

Le 13 août, on prépare avec le terreau n° 3 neuf autres plaques de verre, on les humecte, et, après avoir constaté qu'il y a partout des animaux vivants, on scelle ces nouvelles préparations sous la cloche humide.

Le 16 août, les sept préparations du 12 août, et les neuf préparations du 13 août paraissent encore légèrement humides. On les place sans les humecter de nouveau, sous une cloche a soupirail qui repose sur papier joseph et l'on pose les scellés.

Le 17 août, à une heure trente minutes, trois des verres de montre et six des plaques de verre du 13 août, bien étiquetés, sont *transportés dans le laboratoire de chimie au rez-de-chaussée*, et placés sous la cloche de la machine pneumatique avec un coupe d'acide sulfurique concentré. On fait le vide à 3 millimètres 1/2. On scelle la machine.

Le 19 août, à trois heures, la cloche tient encore le vide à 4 millimètres 1/2.

Le 22 août, la machine n'a pas tenu le vide; le baromètre ne marque plus. On ouvre le robinet et l'air rentre assez mollement, ce qui indique qu'il était déjà rentré sous la cloche une notable quantité d'air.

On ne peut préciser le moment où la machine a lâché.

Quoique le vide n'ait pas tenu complétement, on se décide à procéder au chauffage.

Le 22 août, à dix heures et demie du matin, on brise les scellés de la machine pneumatique, on retire les neufs préparations; on les transporte au premier étage, dans le laboratoire de physique, et on les dispose dans l'étuve à eau de Gay-Lussac.

A dix heures et demie, on allume le feu.		
A onze heures, le thermomètre marque		80°.
A onze heures cinq minutes . . .	—	85°. On éteint le feu.
A onze heures huit minutes . . .	—	80°. On rallume.
A onze heures quinze minutes . .	—	85°. On éteint.
A onze heures vingt minutes. . .	—	82°. On rallume.
A midi	—	85°.
A une heure	—	90°.
A deux heures	—	95°.
A trois heures	—	Ébullition.

On maintient l'ébullition jusqu'à trois heures trente minutes, puis on éteint le feu et on ouvre la porte de l'étuve.

A trois heures quarante minutes, on retire les objets.

A trois heures quarante-cinq minutes, on les place sous la cloche humide.

A quatre heures quarante minutes, on les humecte et on les scelle sous la cloche humide.

Le 23 août, à dix heures du matin, on brise les scellés et on examine les préparations. Tous les objets sont encore baignés d'eau. On retrouve tous les corps des animaux qui ont été vus vivants le 12 et le 13, et qui sont indiqués sur les étiquettes. Quelques rotifères sont en boule, les autres sont endosmosés, ainsi que les tardigrades. Plusieurs grands rotifères ont un œuf dans le corps; mais les viscères sont désorganisés, et tous les animaux paraissent morts.

Les préparations n'ont pas été examinées ultérieurement.

Jusqu'ici nous avons vu M. Pouchet procéder au chauffage soit dans son étuve, soit dans celle de Gay-Lussac; et dans les deux cas, la température de 100°, prolongée pendant trente minutes, a été mortelle pour tous les animaux. Voici maintenant une troisième expérience que nous rapportons la dernière, quoiqu'elle n'ait pas été la dernière en date. On pouvait objecter contre l'étuve Pouchet qu'elle ne donnait pas avec une exactitude rigoureuse la température du terreau, et contre l'étuve de Gay-Lussac qu'elle ne permettait pas d'établir dans la chambre à air un courant régulier d'air sec. Nous avions proposé à M. Pouchet de se servir de l'étuve Doyère, mais il éleva à son tour des doutes sur la précision de cette étuve. On choisit donc, sur la proposition de M. Berthelot, un appareil tout à fait différent des autres, et comme c'est avec ce même appareil modifié que nous avons exécuté plus tard nos propres expériences, nous devons vous dire dès maintenant en quoi il consiste.

Il est construit sur le type de l'appareil à dessiccation de Liebig. Un tube en U, très-ouvert, reçoit dans sa partie horizontale la substance qu'on veut dessécher (1). Ce tube est plongé dans un bain dont la température est indiquée par un thermomètre. L'une des branches du tube en U communique avec un grand vase à siphon rempli d'eau; c'est le vase aspirateur. L'autre branche de ce dernier tube communique avec le tube à dessiccation qui communique lui-même avec l'air extérieur, et qui est rempli d'un côté de potasse caustique, de l'autre côté de ponce sulfurique (2). Le siphon aspirateur est muni d'un robinet. Lorsqu'on ouvre le robinet, l'eau s'écoule, le vide tend à se faire dans la partie supérieure du grand vase, et l'air du tube en U est attiré et remplacé par de l'air nouveau, qui a traversé le tube à dessiccation. On parvient ainsi à renouveler l'air pendant toute la durée du chauffage, et à entraîner la vapeur d'eau à mesure qu'elle se dégage, sans exposer la matière organique au contact de l'humidité atmosphérique.

Cet appareil a été définitivement adopté par M. Pouchet comme plus parfait que tous les autres, et suivant son vœu, nous nous en sommes servis dans nos expériences propres, en lui faisant subir de très-légères modifications qui n'en ont pas changé le caractère.

Exp. XVI. — Animaux chauffés a 100° pendant trente minutes dans le tube en U. Non-réviviscence.

Le 16 août 1859, à dix heures et demie du matin, M. Pouchet introduit

(1) Voy. la planche, fig. II.
(2) Voy. la planche, fig. I.

dans le tube en U une partie du terreau n° 3, dont la fertilité a été vérifiée le même jour pour l'expérience XIV.

A onze heures trente minutes, on commence à chauffer; à midi, le thermomètre du bain marque 70°.

Depuis midi jusqu'à six heures trente minutes, on a dirigé le chauffage de manière à atteindre graduellement de demi-heure en demi-heure les températures indiquées sur le tableau de l'expérience XIV. Ces deux expériences ont marché de front, et ont été surveillées de la même manière par les commissaires.

A six heures, la température est à 100°.

On prolonge l'ébullition jusqu'à six heures trente minutes.

On retire alors l'appareil, on le démonte, et on en extrait le terreau ; on le place dans le verre de montre *c*, et, sans l'humecter, on le scelle dans l'armoire sous un entonnoir renversé.

Le 17 août, à une heure vingt minutes, on scelle le verre *c* sous une cloche humide.

Le 18 août, à trois heures dix minutes, on humecte le verre et on replace les scellés.

Le 19 août, à quatre heures, on examine la préparation : on n'y trouve que des animaux morts, rotifères ou tardigrades.

Ici se termine, messieurs, la série des expériences de M. Pouchet, et si deux d'entre elles n'ont pas répondu entièrement à son attente, nous devons déclarer que dans tous les autres cas, le résultat obtenu a été exactement celui qu'il nous avait annoncé.

Les expériences de chauffage, en particulier, ont entièrement échoué, dans le même laboratoire précisément où, quelques semaines auparavant, celles de M. Doyère avaient parfaitement réussi.

Nous pouvions nous dire, sans doute, qu'une expérience négative ne saurait détruire la valeur d'un fait positif bien constaté. Mais M. Pouchet avait fait, devant nous, de trois manières différentes, trois tentatives infructueuses. Nous savions, en outre, et nous n'en avions jamais douté, qu'il avait fait dans son propre laboratoire, soit seul, soit avec le concours de ses disciples, un grand nombre d'expériences tout aussi négatives. Le caprice du hasard ne pouvait donc pas nous expliquer la différence des résultats obtenus devant nous par les deux adversaires, et nous devions chercher les causes de cette différence dans les conditions mêmes de l'expérience. C'est ce que nous avons fait avant de nous mettre à l'œuvre, et le succès que nous avons obtenu, tout en nous permettant de donner raison à M. Doyère sur le point principal du débat, nous a permis en même temps de signaler les causes qui ont empêché jusqu'ici ses adversaires de réussir.

III. Expériences de la commission.

Parmi les expériences variées qui avaient été exécutées devant nous, il y en avait plusieurs que nous n'avions pas besoin de répéter. La commission avait adopté, dès le premier jour, comme principe uniforme, la règle de toujours poser les scellés sur les préparations qui étaient faites en sa présence. Dès lors elle prenait sous sa responsabilité toutes les épreuves simples qui n'exigeaient pas des manipulations spéciales. Que les animalcules des expériences I et II aient été déposés sur le verre par M. Doyère lui-même ou par les membres de la commission, cela ne change rien à la chose; nous avons constaté de nos propres yeux que les animaux étaient parfaitement à nu; nous les avons ranimés ensuite après les avoir tenus sous nos scellés pendant trois jours, et nous pouvons affirmer dès lors que des animaux desséchés à nu sur le verre peuvent conserver au bout de trois jours leur propriété de réviviscence. Nous en dirons autant des expériences III, IV, V, IX, X, XII et XIII. L'expérience XI, relative à la démonstration d'un fait qui n'est pas contesté, n'avait pas besoin, plus que les précédentes, d'être répétée. Nous pourrons donc vous présenter en toute sécurité, comme des vérités constatées par nous, les conclusions qui découlent de ces diverses expériences.

Mais les épreuves du chauffage au delà 80° exigent des opérations compliquées, dont le *modus faciendi* varie notablement au gré de l'expérimentateur, et dont la précision doit toujours être discutée. Quand même ces épreuves auraient fourni le même résultat entre les mains de MM. Doyère et Pouchet, nous aurions cru de notre devoir de les répéter encore, ne pouvant assumer devant vous la responsabilité d'une expérience délicate que nous n'aurions pas exécutée nous-mêmes; Mais ce devoir devenait tout à fait impérieux, puisque les deux adversaires avaient obtenu devant nous des résultats contradictoires. Nous avons donc décidé que nous nous bornerions à répéter l'épreuve du chauffage, et, avant de faire notre plan, nous avons comparé et analysé l'expérience positive de M. Doyère et les expériences négatives de M. Pouchet.

Nous avons trouvé que les circonstances au milieu desquelles ces deux expérimentateurs ont opéré devant nous, diffèrent à plusieurs égards, et nous avons dû choisir pour nos propres expériences les conditions qui se rapprochaient le plus de celles dont M. Doyère s'est entouré; nous l'avons fait du moins toutes les fois que cela nous a été possible sans sortir du programme tracé par M. Pouchet.

1° M. Pouchet a opéré sur des animaux élevés à l'ombre, M. Doyère sur des animaux élevés sur des toits exposés au soleil.

2° M. Doyère a fait précéder la dessiccation à chaud d'une dessiccation artificielle à froid, dans le vide sec prolongé pendant quatre jours, et aussi parfait que possible. M. Pouchet, sur trois expériences de chauffage à 100° n'a eu recours qu'une seule fois, dans l'expérience XV, à l'épreuve préalable de vide sec; cette expérience XV est donc la seule dont le résultat négatif puisse paraître en contradiction avec les résultats positifs obtenus par M. Doyère.

3° Cette expérience unique donne prise aux trois objections suivantes :

a. Le vide a été maintenu pendant cinq jours, mais il n'a été parfait qu'au commencement; la machine n'a pas été surveillée pendant les trois derniers jours, et, lorsqu'on a rendu l'air, le baromètre ne marquait plus depuis un laps de temps qu'on ne peut préciser.

b. Au sortir de la machine pneumatique, les plaques de verre et les verres de montre ont été transportés jusqu'à l'étuve sans être protégés contre l'humidité atmosphérique. La machine pneumatique était au rez-de-chaussée, dans le laboratoire de chimie ; l'étuve était au premier étage, dans le laboratoire de physique. Il a donc fallu traverser la cour de la Faculté, et, quoique l'air ne fût pas humide ce jour-là, les animaux ont dû s'hydrater pendant le trajet.

c. Le chauffage a été fait dans l'étuve de Gay-Lussac, qui n'est pas pourvue, comme celle de M. Doyère, d'un tube serpentin destiné à entretenir dans la chambre à air un courant continuel d'air chaud.

Nous ne prétendons pas que ces trois objections soient fondées; nous ne pouvons dire si toutes les précautions minutieuses recommandées par M. Doyère sont réellement indispensables; nous nous bornons à exposer ici les différences des deux procédés; car il est clair qu'il faut avoir suivi rigoureusement tous les préceptes, utiles ou illusoires, de M. Doyère, pour pouvoir dire que son expérience a échoué.

4° Voici maintenant une différence beaucoup plus importante, qui explique sans doute mieux que les précédentes la différence des résultats obtenus. M. Doyère prolonge beaucoup moins que M. Pouchet la séance de chauffage. Il procède avec assez de lenteur jusqu'à 80°, puis il monte rapidement jusqu'à la température de l'ébullition, et ne la maintient que quelques minutes. M. Pouchet fait des séances beaucoup plus longues, maintient les animaux pendant plusieurs heures au-dessus de 80°, et arrive très-lentement à la température de l'ébullition qu'il prolonge pendant trente minutes. C'est ce qui résulte du tableau suivant :

	DOYÈRE.	POUCHET.		
	Expér. VI et VII.	Expér. XV.	Exp. XIV.	Exp. XVI.
Durée totale du chauffage.	1 h. 35 m.	4 h. 40 m.	7 h. 30 m.	7 h. 0 m.
Au-dessus de 80°. . .	0 35	3 40	4 30	4 30
Au-dessus de 90°. . .	0 25	2 40	2 30	2 30
Au-dessus de 97° 1/2.	0 10	Environ 1 »	1 0	1 0
Température de l'ébullition. . . .	0 5	0 30	0 30	0 30

Or tout le monde accorde que les rotifères et les tardigrades peuvent être portés sans danger à la température de 80°. C'est au-dessus de 80° que commencent les températures dangereuses, et il n'est pas démontré que celle de 100° soit nécessairement plus dangereuse pour eux que celle de 95 ou de 90, ou même de 85°; il est probable même qu'une température de 85°, prolongée pendant plusieurs heures, est plus dangereuse qu'une température de 100° et plus prolongée seulement pendant dix ou quinze minutes. C'est ce qui ressort des expériences contenues dans ce rapport et de celles qui ont été publiées depuis quelques mois par MM. Pouchet, Gavarret et Doyère. Il suffit certainement de quelques minutes pour qu'une petite quantité de matière organique, sèche et poreuse, déjà chauffée graduellement pendant plus d'une heure, se mette en équilibre de température, dans toutes ses parties, avec l'air de l'étuve; et lorsque nous voyons, par exemple, dans les expériences VI et VII de M. Doyère, le thermomètre marquer 97° 1/2 ou au delà pendant dix minutes, nous ne pouvons douter que les mousses au milieu desquelles plongeait la boule du thermomètre aient éprouvé réellement la même température pendant ces dix minutes. Réduisons, si l'on veut, à cinq minutes la durée du temps pendant lequel les animaux ont été entièrement pénétrés de cette température, il n'en sera pas moins certain qu'ils ont été ranimés après avoir supporté le degré de chaleur le plus élevé qu'on puisse atteindre dans une étuve à eau bouillante (1). Mais ils n'ont subi cette température dangereuse que pendant quelques minutes, et

(1) Je tiens de M. Wurtz que la chaleur de la chambre à air dans l'étuve de Gay-Lussac ne dépasse guère 95°. Si l'étuve Doyère donne jusqu'à 98°, c'est parce que l'air qui y pénètre s'est déjà réchauffé dans le serpentin, tandis que l'air extérieur pénètre directement dans l'étuve Gay-Lussac à travers les jointures de la porte.

ce qui résulte de plus certain des expériences de M. Pouchet, c'est que le danger s'accroît avec la durée des épreuves. Vous voyez maintenant combien sont différentes les conditions au milieu desquelles les deux expérimentateurs ont opéré devant nous. L'un a maintenu les températures dangereuses pendant trente-cinq minutes seulement, l'autre pendant trois heures quarante minutes et pendant quatre heures trente minutes; le premier n'a maintenu le maximum de chaleur que pendant cinq minutes, le second pendant trente minutes. Il n'en faudrait pas davantage assurément pour expliquer la différence des résultats obtenus.

M. Pouchet, qui a élevé des doutes sur la précision de l'étuve de M. Doyère, a déclaré en outre que la durée du chauffage avait été insuffisante. Il pense que ce n'est pas assez de maintenir la température maximum pendant quelques minutes, un temps aussi court ne pouvant donner la certitude que la chaleur indiquée par le thermomètre a bien réellement atteint les animaux. Il demande donc que l'épreuve du chauffage soit faite dans un tube en U analogue à celui dont il s'est servi dans l'expérience XVI, qu'on opère avec une petite quantité de substance, et qu'on maintienne la température maximum pendant trente minutes. Tel est le programme qu'il nous a tracé et qu'il a rédigé dans les termes suivants :

Paris, le 2 novembre 1859.

« Toutes les opinions et toutes les expériences de Spallanzani et « de ses successeurs sont vraies ou peuvent être vraies, du moment « où l'animal, quel qu'il soit, aura subi une dessiccation absolue et « supporté une température de 100° pendant trente minutes.

« En présence d'un tel fait, j'anéantis cent expériences variées, qui « cependant s'élèvent contre lui; car, pour moi, un animal qui, dans « ces circonstances, revivrait après un seul jour, pourrait revivre « après un siècle.

« Je suis assez convaincu de ce que j'avance pour laisser sans limites « le choix des espèces et le mode d'expérimentation; seulement, à « l'égard de la température de 100°, comme l'appareil de M. Berthelot « est le plus scientifique que l'on ait encore employé, je demande qu'il « soit préféré, en suivant les précautions que j'ai indiquées à la page 71 « de mon mémoire SUR LES ANIMAUX RESSUSCITANTS, et en n'employant « que fort peu de substance, 1 ou 2 décigrammes au plus.

« *Signé* POUCHET. »

L'appareil désigné dans cette note, sous le nom de M. Berthelot, n'est autre que l'appareil à dessiccation de Liebig, légèrement modifié par notre collègue pour les besoins de l'expérience XVI. Nous l'avons modifié encore depuis lors, pour rendre le résultat plus rigoureux et plus précis; nous vous décrirons tout à l'heure cet appareil ainsi deux fois modifié, et vous verrez qu'il est toujours parfaitement conforme au principe adopté par M. Pouchet. Les précautions qui sont recommandées à la page 71 du mémoire indiqué ont pour but d'empêcher qu'il ne reste des animaux dans la partie supérieure du tube en U, et que ces animaux, soumis à une température inférieure à celle du bain, ne soient ensuite confondus avec les autres. Sous ce rapport, nous avons poussé la prudence aussi loin que possible. Enfin, pour nous conformer aux termes du programme plus complétement encore que M. Pouchet ne le demandait, nous avons, dans notre expérience décisive, substitué le bain d'huile au bain d'eau, afin que la température du tube en U, au lieu de rester à 98°, comme cela a lieu dans les meilleures étuves à eau, pût s'élever réellement jusqu'à 100°. Cette modification avait en outre l'avantage de ne pas répandre de la vapeur d'eau dans l'air du laboratoire; quoique l'air admis dans l'étuve traversât un appareil à dessiccation, nous étions d'autant plus certains d'exclure la vapeur d'eau, qu'il y en avait moins dans l'air ambiant.

Le choix des matériaux étant laissé entièrement à notre disposition, nous avons préféré les mousses au terreau, et nous nous sommes servis exclusivement des échantillons que M. Doyère nous avait remis.

Enfin, nous avons pensé que nous pouvions prolonger l'action du vide sec avant le chauffage bien plus longtemps que ne l'a fait M. Doyère. En effet, la dessiccation préalable à froid, qui est pour ce dernier un élément de succès, est au contraire, aux yeux de M. Pouchet, une cause d'insuccès, puisque les animaux sont ainsi exposés à deux dangers au lieu d'un. Nous nous sommes dit par conséquent que, si nous réussissions, M. Pouchet ne pourrait nous reprocher d'avoir trop ménagé les animaux, et que si nous ne réussissions pas, M. Doyère ne pourrait nous reprocher de les avoir privés d'une chance favorable. Le vide sec a donc été prolongé dans un cas pendant quatre-vingt-deux jours.

Les expériences de M. Pouchet avaient été terminées le 2 novembre. Le 5, la commission a tracé le plan de celles qu'elle allait entreprendre, et elle les a commencées le 19 novembre 1859, à trois heures de l'après-midi.

Matériaux des expériences. — N° 1. — (Boîte n° 4.) Mousse recueillie le 12 juin 1859, dans une carrière du Bas-Meudon; face au sud; terreau blond.

La boîte a été conservée dans mon cabinet depuis le 4 juillet jusqu'à ce jour. Trois préparations successives faites le 11, le 13 et le 14 novembre par le rapporteur, ont montré que près des trois quarts des animaux (rotifères et macrobiotes) sont encore parfaitement réviviscents.

N° 2. — (Boîte n° 9.) Mousses provenant du toit Ratier, aux Ternes, face au sud, recueillies il y a quelques jours par M. Doyère.

Le terreau est légèrement brun; il ne renferme que des rotifères, tous réviviscibles.

N° 3. — (Boîte n° 2.) Mousses recueillies le 10 mai 1859, à Toulon, sur le toit de la vieille boulangerie de la marine; face au nord; terreau noir.

Cette mousse ne renferme qu'un petit nombre d'animaux. Une préparation faite par le rapporteur, le 11 novembre, ne lui a montré qu'un rotifère, un macrobiote et une anguillule. Ces trois animaux se sont ranimés.

MISE EN TRAIN DES EXPÉRIENCES. — Le 19 novembre 1859, à trois heures, après avoir choisi ces trois échantillons, nous plaçons sous la machine pneumatique à cloche pleine, à côté d'une large coupe renfermant de l'acide sulfurique deux fois rectifié, les objets suivants :

1° Un tube en U très-évasé, semblable à celui dont s'est servi M. Pouchet dans l'expérience XVI (1), contenant 20 centigrammes de la mousse de l'échantillon n° 1. La mousse a été poussée jusqu'au fond du tube, dont la branche verticale a ensuite été ramonée dans toute sa longueur avec un gros tampon de coton cardé. Deux bouchons pleins, préparés à l'avance pour ce tube, sont placés à côté de lui, afin qu'on puisse le refermer instantanément lorsqu'on l'extraira de la machine.

2° Trois tubes en U, de forme très-allongée, préparés avec leurs bouchons tubulés, qu'on place à côté d'eux. Ces tubes sont vides.

3° Une certaine quantité de coton cardé, afin qu'on puisse essuyer les tubes avec une substance parfaitement sèche lorsqu'on voudra s'en servir.

4° Enfin trois petites cupules en cuivre numérotées, et renfermant les échantillons suivants :

Cupule n° 16, mousse de l'échantillon n° 1 (boîte n° 4).
Cupule n° 29, mousse de l'échantillon n° 3 (boîte n° 2).
Cupule n° 12, mousse de l'échantillon n° 2 (boîte n° 9).

Ces trois échantillons sont à peu près d'égal volume. La balance de précision du laboratoire de physique étant dérangée, nous n'avons pu les peser rigoureusement; mais un fragment de l'échantillon n° 1, aussi égal que possible à celui qui a été déposé dans la cupule n° 16, a été mis de côté pour être pesé plus tard. Il pesait exactement 365 milligrammes.

On laisse ces divers objets pendant une heure sous la cloche de la machine pneumatique. A quatre heures trente minutes, nous faisons le vide incomplétement, jusqu'à ce que le baromètre commence à marquer.

---

(1) Voir la planche, fig. II.

Le 21 novembre, à dix heures et demie du matin, on pompe jusqu'à ce que le mercure descende à 13 millimètres.

Enfin, le même jour à deux heures de l'après-midi on porte le vide à 5 millimètres.

Le 3 décembre 1859, le vide tient toujours à 5 millimètres. On extrait le tube en U qui renferme de la mousse de l'échantillon n° 1, et qui est destiné à l'expérience XIX. Cette extraction se fait de la manière suivante. On adapte au tube à robinet de la machine pneumatique un tube à dessiccation rempli de ponce sulfurique. On ouvre très-légèrement le robinet à une heure quarante-sept minutes et l'on entend un tout petit sifflement qui indique l'entrée de l'air et qui dure plusieurs minutes. L'air est donc rentré très-lentement, et a eu le temps de se dessécher dans le tube à dessiccation.

A une heure cinquante-sept minutes, l'un des commissaires soulève rapidement la cloche, un autre extrait en un clin d'œil le tube en U avec ses deux bouchons et un peu de coton cardé, et l'on replace immédiatement la cloche qu'on lute aussitôt.

Occupés de la préparation de l'expérience de ce jour, nous n'avons pu refaire le vide qu'à deux heures seize minutes ; mais on remarquera que l'air rentré sous la cloche était parfaitement sec, que la cloche n'a été soulevée que d'un côté, et qu'elle n'est pas restée soulevée plus d'une ou deux secondes, qu'enfin l'acide sulfurique a dû attirer et absorber l'humidité de la petite quantité d'air qui a pu pénétrer sous la cloche, et on en conclura que les mousses contenues dans les cupules n'ont pas dû s'hydrater d'une manière sensible.

On fait le vide jusqu'à 56 millimètres. La machine s'échauffe, on est obligé de s'arrêter. Le lendemain on porte le vide à 3 milimètres.

Le 3 janvier 1860, le vide persiste toujours à 3 millimètres. On rend l'air avec les mêmes précautions que précédemment, et on extrait le plus rapidement possible une partie de la mousse contenue dans la cupule n° 16. Cette mousse est destinée à l'expérience XVII. On rétablit aussitôt le vide à 4 millimètres.

Le 2 février, on extrait de la même manière une autre partie de la mousse de la cupule n° 16 (voy exp. XVIII), et l'on refait aussitôt le vide à 6 millimètres.

Enfin, le 9 février, on a extrait définitivement le reste des matériaux déposés sous le récipient, en ayant toujours soin de rendre lentement de l'air desséché, à travers un tube à dessiccation.

Exp. XVII. — Animaux desséchés a froid dans le vide sec pendant quarante-cinq jours. Réviviscence.

Le 3 janvier 1860, à onze heures du matin, nous retirons de dessous la machine pneumatique une partie de la mousse contenue dans la cupule n° 16. Cette machine séjourne dans le vide *sec* depuis le 19 novembre, c'est-à-dire depuis quarante-cinq jours. Elle est confiée au rapporteur, qui est chargé d'examiner si les animaux sont encore réviviscibles. L'air est très-humide. Le thermomètre du laboratoire marque 13°.

A onze heures, la mousse est placée dans une petite éprouvette qu'on ferme avec un bouchon.

A onze heures trente minutes, je respire quelques instants dans le tube pour y faire pénétrer de l'air humide, et je le referme aussitôt.

A midi trente minutes, je verse quelques gouttes d'eau dans l'éprouvette, de manière à hydrater légèrement les mousses.

A quatre heures trente minutes, je divise la mousse en quatre parties que j'humecte séparément dans les verres de montre *a*, *b*, *c*, *d*.

Verre a. Je ne trouve dans ce verre qu'un seul corps tout à fait immobile : c'est un macrobiote. Examiné matin et soir jusqu'au quatrième jour, cet animal ne s'est pas ranimé.

Verre b. A quatre heures cinquante minutes, j'y trouve un *paramécium* d'une activité extraordinaire et d'un volume considérable. Cet animal est exactement semblable à celui qui, dans l'expérience VIII, s'est montré au bout de dix-huit heures dans une préparation faite avec des mousses chauffées à 120°. Mais l'eau avec laquelle il a été humecté n'était pas distillée, et avait été prise dans une carafe. Il est hautement probable, toutefois, que le paramécium provient de la mousse, et qu'il s'est ranimé vingt minutes après avoir été humecté. Dans le même verre *b* je trouve 1 rotifère et 2 anguillules, l'une grosse, l'autre petite. Ces trois animaux ne se sont pas ranimés. La préparation a été examinée matin et soir jusqu'au quatrième jour. Je n'y ai vu vivre que le paramécium, qui est resté très-actif jusqu'à la fin.

Verre c. A cinq heures dix minutes, je trouve dans ce verre : au moins 2 paraméciums en pleine activité, 1 macrobiote vivant, 2 anguillules et plusieurs rotifères immobiles. Le lendemain, à une heure après midi, il y a dans le verre 3 rotifères vivants (2 petits et 1 grand.) Il y a en outre 2 rotifères endosmosés, et morts sans ressource; les 2 anguillules sont toujours immobiles. Elles ne se sont pas ranimées les jours suivants.

Verre d. Je l'examine pour la première fois le 5 janvier à neuf heures du soir. Je n'y trouve aucun corps de rotifère ni de tardigrade. Il n'y a qu'une seule anguillule (qui ne s'est pas ranimée ultérieurement) et 2 ou 3 paraméciums en pleine activité.

Par conséquent, après un séjour de près de sept mois dans une boîte et un séjour de quarante-cinq jours dans le vide sec, les cinq anguillules étaient mortes sans retour; trois rotifères sur cinq, un macrobiote sur deux se sont ranimés; et enfin un certain nombre de paraméciums se sont ranimés également selon toute probabilité.

Exp. XVIII. — Animaux desséchés a froid dans le vide sec pendant soixante-quinze jours. Réviviscence.

Le 2 février 1860, à dix heures et demie du matin, on extrait de la machine pneumatique une partie de la mousse contenue dans la cupule n° 16. On en prend une quantité plus considérable que dans l'expérience précédente. Cette mousse a séjourné dans le vide sec depuis le 19 novembre 1859, c'est-à-dire pendant soixante-quinze jours.

Le rapporteur est chargé de chercher si les animaux sont encore révivisciblesibles.

La mousse, déposée dans une éprouvette bouchée à dix heures et demie, est placée à midi et demi sous une cloche humide.

A six heures, elle est humectée dans le verre de montre *a*. Il se dépose un peu de sable au fond de ce verre; j'enlève la mousse et je la transporte dans le verre de montre *b*, où je l'étreins légèrement; enfin je la dépose sans l'humecter de nouveau, dans le verre de montre *c* qui est placé sous une cloche humide.

Cette fois l'humectation a été faite avec de l'eau distillée.

Verre a. Six heures dix minutes. J'aperçois cinq ou six corps de macrobiotes ou de rotifères immobiles.

A huit heures, ces animaux sont toujours immobiles, mais un paramécium est déjà ranimé.

A onze heures du soir, il y a dans ce verre un grand rotifère et un ma-macrobiote en mouvement; les autres sont toujours immobiles. La préparation est examinée les jours suivants. Je ne retrouve plus le paramécium à partir du 4 février. Le tardigrade et le rotifère meurent le 5 et le 6 février.

Verre b, examiné pour la première fois le 2 février, à huit heures du soir, après deux heures d'humectation. J'y compte 2 anguillules grosses et 7 ou 8 corps de macrobiotes ou de rotifères; tous ces animaux sont immobiles.

A onze heures du soir, un macrobiote et un grand rotifère sont en mouvement exactement comme dans le verre *a*.

Le 3 février, rien de changé.

Le 5 février, le tardigrade est mort, le rotifère seul est vivant. Plusieurs corps de rotifères sont encore roulés en boule, et j'espère toujours les voir se ranimer. Mais l'examen continué jusqu'au 8 février a été infructueux.

Le 8 février, de neuf à onze heures du soir, j'assiste aux derniers moments du seul rotifère qui reste dans la préparation.

Verre c. Reprenant alors la mousse qui a été déposée le 2 février dans le verre *c* après avoir été étreinte, et qui a séjourné depuis six jours sous la cloche humide, je me dispose à l'humecter de nouveau; mais en soulevant cette mousse je trouve au-dessous d'elle, au fond du verre, un dépôt humide sans couche de liquide appréciable. J'enlève la mousse, j'ajoute de l'eau, et quelques instants plus tard j'aperçois dans la préparation une grande quantité de rotifères vivants. J'en ai compté au moins 3 grands et 6 petits, tous très-vigoureux et très-agiles. Il y a en outre 3 rotifères déployés et endosmosés, 2 rotifères en boule, 2 tardigrades morts et 1 anguillule morte.

On remarquera en premier lieu que dans cette expérience, sur 7 ou 8 tardigrades, 2 seulement ont repris vie, tandis que plus de la moitié des rotifères ont revécu (11 sur environ une vingtaine). On remarquera en outre que le nombre des réviviscents a été relativement beaucoup plus considérable dans la mousse à peine humectée que dans les verres de montre où les animaux étaient ensevelis dans une nappe d'eau. Cela vient à l'appui des idées de M. Doyère sur l'utilité d'une humectation lente. Enfin, m'étant servi cette fois d'eau distillée, je puis affirmer que le paramécium qui s'agitait après deux heures d'humectation dans le verre *a* était bien un animal réviviscent.

Si l'on compare maintenant le résultat des deux expériences XVII et XVIII sous le rapport de la réviviscence des animaux, on trouve qu'aucune anguillule ne s'est ranimée, et que pour les rotifères la proportion des morts ne s'est pas sensiblement accrue pas suite d'un séjour dans le vide sec prolongé trente jours de plus. Quant aux macrobiotes, ils étaient trop peu nombreux dans l'expérience XVII pour qu'on puisse établir une comparaison; mais il est permis de croire, d'après l'expérience XVIII, que le séjour prolongé dans le vide sec leur est plus nuisible qu'aux rotifères. N'oublions pas enfin que du 11 au 14 novembre, la mousse de la boîte n° 4 d'où l'échantillon a été extrait donnait une proportion bien plus considérable d'animaux réviviscents (près des trois quarts). La dessiccation prolongée à froid ne paraît donc pas une épreuve sans danger.

Arrivons maintenant aux expériences de chauffage. La première a été faite le 3 décembre 1859, avec des mousses qui avaient subi l'action du vide sec pendant douze jours. Elle a échoué.

Exp. XIX. — Animaux chauffés a 100° pendant trente minutes, après douze jours de séjour dans le vide. Point de réviviscence.

Le 19 novembre 1859, nous avons placé sous la machine pneumatique un grand tube en U très-évasé, où nous avions introduit 20 centigrammes de mousse provenant de l'échantillon n° 1 (Voy. la planche, fig. II).

La branche verticale du tube avait été soigneusement essuyée avec un tampon de coton cardé; deux bouchons préparés d'avance et un peu de coton cardé ont été placés sous la cloche avec le tube contenant la mousse.

On a fait le vide progressivement et depuis le 21 novembre, à deux heures, le baromètre a marqué constamment 5 millimètres.

Le 3 décembre, à une heure cinquante-neuf minutes, on rend l'air à travers un tube à dessiccation. On extrait rapidement le grand tube en U, avec ses deux bouchons et un peu de coton cardé. On pousse un petit tampon de coton jusque près de la mousse, et l'on bouche aussitôt les deux branches du tube en U. Tout cela dure environ cinq secondes.

A deux heures, après avoir replacé la cloche de la machine pneumatique, on enlève successivement les deux bouchons qu'on remplace aussitôt par des bouchons tubulés communiquant avec des tubes à dessiccation pleins de ponce sulfurique (Voy. la fig. I). On est certain par conséquent que l'humidité atmosphérique n'a pu et ne pourra pénétrer jusque sur la mousse.

On prépare alors le chauffage, et l'on dispose l'expérience comme dans l'exp. XVI, avec cette seule différence qu'au lieu d'un seul tube à dessiccation, placé du côté par où l'air arrive, on en a mis un second du côté par où il s'en va. Cela a pour but d'empêcher l'humidité du vase aspirateur de refluer sur la mousse lorsque l'écoulement de l'air est suspendu quelques instants pour le renouvellement de l'eau. On plonge le tube en U dans le bain et l'on s'assure que le coton (et à plus forte raison la mousse) est entièrement submergé. L'un des commissaires agite constamment l'eau du bain-marie pour égaliser partout la température. On mesure litre par litre, d'après l'écoulement de l'eau fournie par le siphon, la quantité d'air sec qui traverse l'étuve.

TABLEAU DE L'EXPÉRIENCE.

	Température du bain.	Volume de l'air qui traverse l'appareil.	
2 heures 15 minutes	+ 8°		
2 — 25 —	40°	2 litres.	
2 — 36 —	45°	2 — 1/2	
2 — 42 —	50°		
2 — 50 —	57°	2 —	
2 — 58 —	65°	2 —	
3 — 5 —	67°	2 —	
3 — 20 —	80°	2 —	
3 — 35 —	83°	1 —	
3 — 45 —	91°	1 —	
3 — 59 —	92°	2 —	
4 — 8 —	93°	2 —	
4 — 20 —	97°5	2 —	
4 — 23 —	100°	2 —	
4 — 28 —	100°	2 litres.	On enlève l'appareil aspirateur.
4 — 52 —	100°		

A quatre heures cinquante-deux minutes, le tube est retiré du bain.

Vingt-quatre litres et demi d'air ont traversé l'appareil. On a pensé qu'il n'était pas nécessaire de continuer l'aspiration pendant les vingt-quatre dernières minutes, la mousse devant être déjà assez complétement desséchée pour qu'il ne s'en dégageât plus de vapeur. L'ébullition a été prolongée pendant vingt-neuf minutes (on croyait la demi-heure achevée).

A cinq heures, le tube étant refroidi, on coupe à la lime la grosse branche verticale du tube en U entre le coton et la mousse, et l'on retire celle-ci qu'on dépose dans un verre de montre bien essuyé. On la laisse pendant sept minutes exposée à l'air humide du laboratoire.

A cinq heures sept minutes, on dépose le verre sous la cloche humide et l'on pose les scellés.

Le lendemain 4 décembre, à dix heures du matin, les scellés sont intacts. La température du laboratoire est à + 7°.

Nous préparons d'abord un agitateur, une pipette et plusieurs verres de montre. Comme ces objets ont déjà servi nous les plongeons dans de l'acide sulfurique concentré, puis nous les lavons dans de l'eau distillée. Les verres sont numérotés au diamant.

A onze heures, la mousse est humectée avec de l'eau distillée dans le verre de montre n° 5. A onze heures quinze minutes nous faisons trois préparations dans les verres n° 5, n° 3 et n° 18.

A onze heures trente minutes, ces trois verres sont scellés sous la cloche humide. On transporte cette cloche dans le petit laboratoire où l'on allume un calorifère à gaz pour obtenir une température de 15° à 20°, beaucoup plus favorable à la réviviscence que la température naturelle, qui descend chaque nuit jusqu'à 0°.

Le soir, le calorifère marche bien, et le thermomètre est à 17°. Mais dans la nuit une cause imprévue arrête pendant quelques instants l'écoulement du gaz. Le feu s'éteint, et l'écoulement du gaz recommence bientôt, de telle sorte que le 5 décembre, à dix heures du matin, nous trouvons la petite chambre pleine d'hydrogène carboné. Or la cloche, quoique bien scellée, ne ferme pas hermétiquement. Les animaux humectés hier ont donc passé la nuit dans une atmosphère délétère.

Nous examinons successivement toutes les préparations ; nous y trouvons une dizaine de rotifères endosmosés, cinq ou six macrobiotes flottants, et une seule anguillule enroulée. Tous ces animaux paraissent morts. Il n'y a aucun infusoire.

On replace les préparations sous scellés : on les examine de nouveau le 7 décembre. Aucun animal ne s'est ranimé ; tous paraissent morts sans ressource.

Parmi les causes qui avaient pu faire échouer l'expérience et qu'il fallait éliminer dans les expériences ultérieures, nous avons cru découvrir les suivantes :

1° Les animaux humectés avaient séjourné dans une atmosphère chargée d'une grande quantité de gaz hydrogène carboné, circonstance tout accidentelle, qui eût été insignifiante si les animaux eussent été secs, mais qui pouvait très-bien avoir nui à des animaux humectés et en voie de réviviscence.

2° Le courant d'air sec avait été supprimé pendant les vingt-quatre dernières minutes de l'ébullition. M. Doyère professe que la moindre parcelle d'humidité répandue dans l'air à l'état de vapeur et séjournant sur les animaux, peut déterminer dans leurs tissus des altérations chimiques sous la température de 100° ; or c'est précisément à ce moment que le courant d'air sec a été supprimé, et quoiqu'il soit extrêmement probable qu'il ne restait plus d'eau dans les mousses, nous avons résolu de faire durer le courant d'air jusqu'à la fin dans nos expériences ultérieures.

3° Le tube à dessiccation était plein de ponce sulfurique ; or, en soufflant quelques minutes dans ce tube, nous avons vu le papier de tournesol placé à l'autre extrémité rougir légèrement. Le courant d'air a donc pu entraîner quelques parcelles d'acide sulfurique dont le contact aura nui aux animaux. C'est pourquoi nous avons résolu de nous servir ultérieurement d'un appareil à dessiccation rempli de chaux vive.

4° Le tube à dessiccation n'avait que 22 centimètres de longueur, et l'air de la chambre était rempli de vapeur d'eau, dégagée du bain-marie. Nous avons donc résolu de remplacer le bain d'eau par un bain d'huile, et de faire passer l'air successivement dans trois vases à dessiccation.

5° L'expérience préalable du vide sec avait duré douze jours, c'est-à-dire au moins deux fois plus longtemps que dans l'expérience correspondante de M. Doyère. Il nous avait paru bon de pousser plus loin que lui la dessiccation préalable à froid, puisque nous nous proposions de pousser plus loin que lui la dessiccation à chaud, pour satisfaire au désir de M. Pouchet. Mais ayant porté de cinq à trente minutes la durée du chauffage à 100°, nous pouvions nous demander si c'était assez d'avoir doublé la durée de l'opération préliminaire du vide sec. Il a donc été convenu que nous agirions désormais sur des mousses soumises à l'action du vide pendant un temps beaucoup plus long.

6° Enfin, le chauffage avait été dirigé de telle sorte que les animaux avaient subi pendant une heure et demie une température supérieure à 80°; ils avaient donc été exposés toute une heure à une température dangereuse avant d'atteindre la température définitive de 100°. Et comme il s'agissait seulement pour nous de décider si trente minutes d'exposition à une chaleur de 100° détruisent ou non la propriété de réviviscence, nous avons cru devoir abréger autant que possible la durée des températures transitoires comprises entre 80 et 100°. C'est pourquoi nous avons décidé que désormais nous chaufferions les mousses pendant deux heures à 60°, afin de les dessécher entièrement, puis, que nous les porterions rapidement à la température de 100°, où nous les maintiendrions trente minutes.

En adoptant ces diverses modifications nous supposions bien qu'elles n'étaient pas toutes également utiles; mais ayant à vérifier l'exactitude d'un fait expérimental annoncé par M. Doyère, nous devions nous placer momentanément au même point de vue que lui, et appliquer dans toute leur rigueur les principes qu'il a émis.

C'est sur ces bases qu'ont été instituées les deux expériences suivantes. Elles ont marché de front; l'une a échoué, l'autre a réussi, et nous aurons bientôt à chercher les causes de cette différence, qu'on pourrait être tenté d'attribuer au hasard, s'il y avait dans la nature autre chose que des causes et des effets.

xp. XX et XXI. — ANIMAUX CHAUFFÉS A 100° PENDANT TRENTE MINUTES, APRÈS QUATRE-VINGT-DEUX JOURS D'EXPOSITION DANS LE VIDE SEC. DEUX EXPÉRIENCES PARALLÈLES (1). RÉVIVISCENCE DANS UN CAS. RÉSULTAT NÉGATIF DANS L'AUTRE CAS.

Les trois cupules de cuivre n°s 16, 29 et 12, renfermant chacune environ 36 centigrammes de mousse, ont été déposées le 19 novembre 1859 sous la machine pneumatique.

La cupule n° 16 renferme une mousse *à terreau blond*, recueillie le 12 juin 1859, dans une carrière du Bas-Meudon, *face au sud*.

La cupule n° 29 renferme une mousse *à terreau noir*, recueillie à Toulon, en juin 1859, sur un toit *exposé au nord*.

La cupule n° 12 renferme une mousse *à terreau brun*, recueillie dans les premiers jours de novembre 1859, aux Ternes, sur un toit *exposé au sud*.

Ces trois échantillons de mousses ont été chauffés le 9 février 1860, au sortir de la machine pneumatique, après quatre-vingt-deux jours de séjour dans le vide sec.

La mousse de la cupule n° 16 étant de beaucoup la plus riche, était aussi celle sur laquelle nous basions le plus d'espoir. C'était pour elle, à vrai dire, que nous faisions l'expérience; nous n'avons employé les autres que parce qu'il nous avait paru instructif de faire marcher trois expériences de front.

Une partie du contenu de la cupule n° 16, extraite rapidement le 3 janvier 1860, après quarante-cinq jours de séjour dans le vide, avait fourni des animaux réviviscents. (Voy. exp. XVII.)

Une autre partie plus considérable de la même mousse, extraite avec les mêmes précautions le 2 février 1860, après soixante-quinze jours de séjour dans le vide, avait fourni également des animaux réviviscents. (Voy. exp. XVIII.)

Ces deux soustractions préalables avaient réduit d'un tiers au moins le poids de la mousse contenue dans la cupule n° 16, et en évaluant à 20 centigrammes environ le poids de ce qui restait, nous croyons ne pas nous tromper de plus de quelques centigrammes.

Une pesée rigoureuse n'aurait pu se faire qu'en exposant la mousse au contact de l'air humide avant de la mettre dans l'étuve : c'était un inconvénient auquel nous ne pouvions pas nous exposer.

Trois tubes en U, très-allongés et d'une forme particulière, avaient été placés sous le récipient avec les mousse; ces tubes étaient numérotés au diamant; on y avait joint les bouchons tubulés et les tubes coudés d'ajutage destinés à s'adapter à la grosse branche de chaque tube en U. Enfin, il y avait sous le même récipient un peu de coton cardé. De telle sorte que tous les corps qui allaient être mis en contact ou en communication avec les mousses, se trouvaient entièrement dépouillés d'humidité.

---

(1) Nous nous proposions de faire marcher de front trois expériences; mais un accident survenu pendant le chauffage a réduit à néant la troisième expérience.

Le 9 février 1860, à une heure et demie, on fait pénétrer lentement l'air sous le récipient à travers un tube à dessiccation.

On soulève rapidement la cloche, on extrait un tube en U, un bouchon d'ajutage, un peu de coton cardé, et la cupule n° 16. On abaisse aussitôt la cloche et on dispose la mousse de la cupule n° 16 dans le tube en U, qui porte le n° 2. On essuie à plusieurs reprises avec un gros tampon de coton les trois quarts supérieurs de la grosse branche du tube, afin d'enlever parfaitement le peu de terreau qui a pu s'attacher aux parois; puis on retire ce tampon et on le remplace par un tampon plus petit et plus poreux, qu'on fait descendre jusqu'à 1 centimètre de la mousse, et qui est destiné à empêcher des parcelles de terreau de s'élever pendant le chauffage au-dessus du niveau du bain. Dès que ce tampon est placé on adapte le bouchon tubulé à la grosse extrémité du tube en U, et on bouche avec de la cire à modeler d'une part la petite extrémité de ce tube, d'autre part l'extrémité du tube d'ajutage. Tout cela dure à peine cinq à six secondes.

On extrait ensuite de la même manière la cupule n° 29 dont le contenu est en partie placé dans le tube en U n° 3, et la cupule n° 12, dont le contenu est en partie placé dans le tube en U n° 1. On n'emploie que les deux tiers environ du contenu de chaque cupule, afin de ne disposer dans chaque tube en U qu'une quantité de mousse à peu près égale à celle qui occupe déjà le tube n° 2. Le reste a été déposé dans les boîtes A et B pour être examiné plus tard.

Les tubes n° 3 et n° 1 sont préparés exactement de la même manière que le tube n° 2, si ce n'est qu'on ne laisse pas de tampon de coton dans le tube n° 3 dont le bouchon est traversé par un thermomètre. La boule du thermomètre descend jusqu'à 1/2 centimètre environ au-dessus de la mousse. On n'a voulu interposer aucun corps entre la mousse et la boule du thermomètre, afin qu'en passant de l'une à l'autre la température de l'air ne pût varier. Enfin, cette boule occupe exactement l'axe du tube; elle n'en touche pas les parois, et elle ne pourra les toucher, le corps de l'instrument étant solidement fixé dans le bouchon de liége qu'il traverse à frottement.

On ne songe jamais à tout; notre thermomètre, destiné à marquer des températures élevées, avait des degrés très-courts, de telle sorte que le point où l'échelle devenait apparente au dessus du bouchon traversé par le thermomètre correspondait à +74°. Nous n'avons donc pas pu, pendant le chauffage, marquer la température des mousses au-dessous de cette limite; et nous avons dû dès lors jusque-là nous en rapporter aux indications du thermomètre plongé dans le bain d'huile.

Les trois tubes étant ainsi préparés et hermétiquement clos, nous avons luté avec de la cire à cacheter les bouchons de liége d'ajutage. Ce travail a été achevé à deux heures. Le reste de l'appareil, que nous allons maintenant décrire, avait été préparé d'avance par le soins de M. le professeur Gavarret, avec une précision qui ne laissait rien désirer. (Voy. la planche, fig. III.)

L'air extérieur, introduit en A, traverse successivement trois flacons B, C, D, de deux litres chacun, entièrement remplis de petits fragments de chaux vive.

Le troisième vase D est fermé supérieurement par un gros bouchon de liége d'où sortent trois petits tubes coudés *a*, *b*, *c*, qui sont mis en communication par des ajutages en caoutchouc avec la petite branche des trois tubes en U, n° 1, n° 2, n° 3. Ces trois tubes plongent verticalement dans le bain d'huile où ils sont enfoncés dans plus des trois quarts de leur longueur. Un support V, auquel est suspendu le thermomètre du bain, sert à fixer la partie supérieure des trois tubes et les empêche de vaciller. L'air sec, apporté par la petite branche de l'U, arrive directement sur la mousse, puis sur la boule du thermomètre intérieur. Les trois petits tubes *a'*, *b'*, *c'* le conduisent ensuite dans un vase H, où il se dégage sous une colonne d'acide sulfurique haute d'un centimètre et demi. Du vase H, l'air est attiré dans le vase à aspiration K, plein d'eau et muni d'un robinet L, qu'on ouvre plus ou moins suivant qu'on veut attirer l'air avec plus ou moins de rapidité. Ce vase est gradué de litre en litre; il renferme huit litres d'eau, mais ne peut aspirer que cinq litres d'air. En effet, lorsque le niveau de l'eau s'abaisse trop, l'écoulement du liquide, même à plein robinet, devient très-lent, à cause de la résistance que l'air rencontre sur son passage en se dégageant sous l'acide sulfurique du vase H.

Pour interrompre le moins longtemps possible le courant d'air, on reçoit l'eau du vase K dans un second vase M exactement semblable et où l'on a versé préalablement trois litres d'eau, de telle sorte que, lorsque les cinq litres du vase K sont écoulés, on n'a qu'à lui substituer le vase M déjà rempli de liquide.

Tous les bouchons sont exactement lutés à la cire; on s'assure qu'il n'y a aucune fuite en pinçant successivement tous les tubes de caoutchouc qui servent aux ajutages, et en constatant que cela suffit pour arrêter le dégagement des bulles d'air dans les vases K et H. On s'assure également que le tirage est exactement égal dans les trois tubes en U, en examinant, dans le vase H, le dégagement parfaitement uniforme des petites bulles d'air qu'apporte chacun des trois petits tubes plongés dans l'acide sulfurique.

Le bain E, E renferme quatre litres d'huile. Le chauffage est fait au moyen d'un fourneau à gaz F, muni d'un robinet qu'on ouvre plus ou moins selon qu'on veut obtenir plus ou moins de chaleur.

A deux heures, on enlève successivement les bouchons de cire à modeler qui obturent les ouvertures d'entrée et de sortie des trois tubes en U, n° 1, n° 2 et n° 3, où les mousses ont été déposées ; on remplace successivement chacun de ces bouchons par un ajutage en caoutchouc fixé d'autre part à l'un des trois petits tubes que supportent chacun des vases D et H. L'appareil étant ainsi définitivement disposé, on s'assure qu'il n'y a aucune fuite, que l'écoulement de l'air est bien uniforme dans les trois tubes, et l'on commence à chauffer le bain. Les trois tubes ont été soulevés au-dessus du bain jusqu'à deux heures vingt-cinq minutes; à ce moment la température de l'huile marque 50°; on plonge les trois tubes en U *jusque au fond du bain*, et on ouvre le robinet L.

TABLEAU DE L'EXPÉRIENCE.

	Température du bain d'huile.	Température de l'air dans le tube n° 3.	Volume de l'air écoulé.
2 heures 25 minutes...	50°	N'a pu être appréciée à cause de la brièveté du thermomètre.	A 2 heures 49 minutes 5 litres d'air ont passé.
2 — 55 —	52°		
3 — 2 —	63°		
3 — 5 —	65°		
3 — 15 —	61°		
3 — 20 —	59°		
3 — 30 —	62°	....	5 litres.
3 — 35 —	63°		
3 — 45 —	60°		
3 — 50 —	57°		
4 — 0 —	60°	....	5 litres.
4 — 10 —	64°		
4 — 20 —	60°		
4 — 23 —	60°		
4 — 25 —	71°		
4 — 26 —	75°		

A ce moment le mercure du thermomètre intérieur devient apparent.

4 heures 27 minutes...	80°	75°	
4 — 28 —	85°	78°	
4 — 29 —	90°	84°	5 litres.
4 — 31 —	95°	90°	
4 — 33 —	100°	95°	
4 — 35 —	101°	96°	
4 — 37 —	100°	97°1	
4 — 38 —	101°	97°5	

(A ce moment on entend un léger craquement. Le tube en U, n° 1, vient de se fêler à sa partie inférieure : l'huile a pénétré sur la mousse et rempli le tube en U. Le tirage d'air continue régulièrement dans les deux autres tubes, et l'on ralentit dès lors d'environ un tiers l'écoulement de l'eau du vase aspirateur.)

4 heures 40 minutes	101°	98°
4 — 43 —	102°	99°
4 — 45 —	104°	100°
4 — 47 —	104°	101°
4 — 49 —	102°	101°
4 — 51 —	99°	99°8
4 — 53 —	99°	99°
— 54 —	98°	98°2

	Température du bain d'huile.	Température de l'air dans le tube n° 3.	Volume de l'air écoulé.
4 heures 55 minutes...	100°	98°	
4 — 57 —	103°	98°5	
4 — 58 —	104°	99°5	
4 — 59 —	105°	100°	
5 — 0 —	106°	101°5	
5 — 1 —	105°	102°	
5 — 2 —	103°	102°2	
5 — 4 —	100°	101°	
5 — 5 —	99°	100°8	
5 — 6 —	100°	100°	
5 — 7 —	101°	99°8	
5 — 8 —	104°	100°	
5 — 10 —	103°	100°5	tout près de 5 litres.

A cinq heures dix minutes on retire les deux tubes en U, n° 2 et n° 3, qui seuls ont résisté à la chaleur du bain, et on les place sous scellés dans une armoire.

Le bain d'huile est resté trente-sept minutes à 100°, descendant une fois à 98°, une fois à 99° pendant une minute, et montant une fois à 106°, deux fois à 104°.

Le thermomètre du tube n° 3 est resté trente minutes entre 98° et 102° 2.

Les mousses, qui touchaient la paroi des tubes en U, ont dû recevoir plus de chaleur que le thermomètre intérieur, qui ne touchait ni la paroi ni la mousse.

On n'a pu, faute d'espace, agiter l'huile pendant le chauffage (deux commissaires étaient continuellement penchés au-dessus du bain surveillant chacun l'un des thermomètres; un troisième, placé vis-à-vis, réglait le fourneau à gaz). Il en est résulté que la température des couches inférieures de l'huile a dû être un peu plus forte que celle des couches supérieures. Or, le thermomètre du bain ne descendait qu'à 6 centimètres du fond, tandis que les tubes en U touchaient le fond, où la température était plus haute.

Vingt-cinq litres d'air sec ont traversé l'appareil. Il y a d'abord eu vingt litres répartis entre les trois tubes; puis cinq litres répartis entre les tubes 2 et 3, ce qui fait en tout un peu plus de neuf litres pour chacun d'eux.

Les deux tubes n° 2 et n° 3 ont été placés debout et scellés dans l'armoire le 9 février 1860 à cinq heures dix minutes du soir.

Le 10 février, à onze heures du matin, les commissaires constatent que les scellés sont intacts. Ils retirent la mousse contenue dans les deux tubes n° 2 et n° 3, en coupant ces tubes à leur partie inférieure, et en évitant ainsi de faire repasser les mousses par leur ouverture d'entrée.

Le contenu du tube n° 3 est placé dans le verre de montre A, et celui du tube n° 2 dans le verre de montre B. Ces deux verres de montre ne sont pas humectés aujourd'hui. On les scelle sous la cloche humide.

Le 11 février, à trois heures et demie, les scellés sont intacts.

A trois heures cinquante minutes on humecte les verres de montre A et B avec une petite quantité d'eau distillée. On a préalablement pris un peu d'eau distillée dans le même flacon, et on s'est assuré par l'examen microscopique qu'elle ne renfermait point d'infusoire (1).

On pétrit très-légèrement les mousses avec les doigts, de manière à obtenir des dépôts successifs dans plusieurs verres de montre.

1° *Préparations faites avec la mousse du verre de montre A.*

Cette mousse provient du tube en U n° 3, et renferme du terreau noir.

Premier dépôt dans le verre de montre		n° 5.
Deuxième —	—	n° 3.
Troisième —	—	n° 1.
Le reste des mousses étreintes	—	n° 9.

Aucune de ces préparations n'a fourni d'animaux réviviscibles. Elles ont été examinées plusieurs jours de suite par la commission, puis transportées avec soin chez le rapporteur qui les a étudiées matin et soir jusqu'au 22 février.

La mousse humide conservée dans le verre n° 9 a été reprise le 15 février; elle a servi à faire de nouvelles préparations où quelques cadavres d'animaux ont été retrouvés.

Nous avons compté dans toutes ces préparations environ une trentaine d'animaux, savoir : une vingtaine de rotifères, cinq ou six macrobiotes, deux émydiums et plusieurs anguillules.

2° *Préparations faites avec la mousse du verre de montre B.*

Cette mousse provient du tube en U n° 2, et renferme du terreau blond.

Premier dépôt dans le verre		n° 18.
Deuxième —	—	n° 11.
Le reste des mousses étreintes	—	n° 2.

Ces préparations ont été faites le 11 février à trois heures cinquante minutes.

A quatre heures quinze minutes elles ont été scellées sous la cloche humide. Chacune d'elles ne renferme qu'une petite quantité d'eau.

Dans la nuit du 11 au 12 février, il gèle assez fortement.

Le 12 février, à dix heures du matin, un thermomètre placé près de la cloche qui recouvre la préparation marque zéro. Cette basse température est très-défavorable à la réviviscence.

---

(1) Nous avons pris cette précaution pour le cas où des paraméciums se seraient montrés dans nos préparations.

On brise les scellés et on examine les préparations. On aperçoit tout de suite plusieurs tardigrades endosmosés et flottants qui paraissent morts sans retour. Beaucoup de rotifères sont également déployés et endosmosés ; mais plusieurs sont encore en boule et paraissent appelés à se ranimer.

A dix heures vingt-cinq minutes, M. Balbiani croit apercevoir une légère contraction dans le corps d'un grand rotifère en boule du verre n° 11. A partir de ce moment l'animal a été continuellement examiné par les commissaires, pendant plus d'un quart d'heure ; les contractions se renouvellent, deviennent plus fortes, enfin à dix heures quarante minutes l'animal complétement déployé commence à exécuter des mouvements d'ensemble, et à mouvoir ses roues.

A dix heures cinquante-cinq minutes un autre rotifère du même verre n° 11 donne quelques signes de réviviscence. On aperçoit dans ses organes, sous un grossissement de 180 diamètres, de légères contractions vermiculaires, mais le corps ne se déploie pas et reste roulé en boule.

Le verre de montre n° 18 n'a montré ce jour-là aucun animal réviviscent.

A onze heures trente minutes les préparations sont de nouveau scellées sous la cloche humide.

Dans la nuit du 12 au 13 février la température extérieure descend jusqu'à —6°.

Le 13 février, à une heure et demie le thermomètre marque encore — 3° dans la cour, et 0° dans le laboratoire.

Nous brisons les scellés.

Nous ne retrouvons pas dans le verre n° 11 le rotifère dont la réviviscence a été constatée hier ; cet animal est sans doute mort ; mais nous retrouvons celui qui paraissait sur le point de se ranimer ; il est toujours dans le même état. On voit de loin en loin dans ses organes de petites contractions partielles. Son corps est toujours globuleux.

Pour en finir avec le verre n° 11, nous dirons que ce dernier animal ne s'est pas complétement ranimé, qu'il est resté globuleux jusqu'au 22 février, jour où la préparation a été jetée ; qu'enfin aucun autre animal ne s'est ranimé dans ce verre à partir du 12 février.

Il n'y a donc eu dans le verre n° 11 qu'une seule réviviscence complète.

Le 13 février à deux heures dix minutes, un grand rotifère du verre n° 18 exécute de légères contractions ; à deux heures quinze minutes il est déployé ; à deux heures vingt minutes il commence à marcher lentement ; bientôt il s'arrête, se contracte en boule irrégulière et reste immobile pendant plusieurs minutes. Cet animal a été observé continuellement jusqu'à trois heures ; il a exécuté à trois ou quatre reprises différentes des mouvements d'ensemble.

A trois heures les préparations sont de nouveau scellées sous la cloche humide. La température froide nous paraît contribuer à retarder la réviviscence. Il est donc décidé que demain les animaux seront placés dans une couveuse à la température de + 15° à + 20°.

(La couveuse n'a pu être disposée que le 15 février, à trois heures après midi.)

La température extérieure descend à —6° dans la nuit du 13 au 14 février, à —8° dans la nuit du 14 au 15.

Le 15 février à dix heures du matin, nous brisons les scellés et nous examinons de nouveau le verre de montre n° 18.

Nous y trouvons cinq grands rotifères plus ou moins actifs. Nous ne pouvons dire si le rotifère qui s'est ranimé sous nos yeux le 13 février est au nombre des cinq. Quelques-uns de ces animaux sont peu actifs ; mais l'un d'eux exécute des mouvements rapides, déploie ses roues, et cherche sa proie.

Nous ajoutons quelques gouttes d'eau distillée sur la mousse du verre n° 2. Les préparations sont de nouveau scellées sous la cloche humide.

Le même jour (15 février), à trois heures, nous plaçons nos préparations dans l'étage moyen d'une couveuse à eau chaude. Pour empêcher l'évaporation autant que possible, nous recouvrons les verres avec d'autres verres de montre, et nous plaçons à côté d'eux, dans la couveuse, des substances imbibées d'une grande quantité d'eau.

A cinq heures le thermomètre de la couveuse marque + 12°.

A huit heures du soir il marque + 14°.

Le lendemain matin, 16 février, à dix heures, il marque encore 14°. Dans le verre n° 18 nous ne trouvons plus que quatre rotifères vivants ; dans le nombre il y a un *petit* rotifère. Par conséquent, trois seulement des cinq grands rotifères vus vivants la veille dans le même verre, sont encore en vie. Ce jour-là la commission considère le résultat comme suffisamment constaté, et les préparations sont confiées au rapporteur qui est chargé de les examiner matin et soir pendant plusieurs jours encore.

Les animaux, à partir du 16 février au matin, ont été conservés chez le rapporteur dans un petit laboratoire où des dispositions avaient été prises pour obtenir une température constamment égale ou supérieure à + 15°.

Aucun autre animal ne s'est ranimé dans le verre de montre n° 18. Les trois grands rotifères qu'on y avait vu vivre le 16 février à dix heures du matin sont morts, l'un dans la journée du 16, les deux autres dans la nuit du 16 au 17.

Le petit rotifère a vécu trois jours entiers, et a été trouvé mort à son tour le 19 février à onze heures du matin.

La mousse légèrement humide qui avait été conservée dans le verre de montre n° 2 jusqu'au 16 février, a servi dans la journée du 16 à faire trois préparations.

Le léger dépôt à peine humide que cette mousse avait laissé sur le verre n° 2 a été examiné le jour même et a montré un grand rotifère vivant. La mousse a été transportée dans le verre de montre n° 8, humectée et étreinte dans ce verre, et déposée enfin dans le verre n° 17.

Le 17 février, à quatre heures du soir, je trouve un *petit* rotifère vivant dans le verre de montre n° 8. J'y trouve en outre le soir, à onze heures, un grand rotifère qui exécute quelques mouvements.

Enfin le même jour à onze heures du soir, la mousse est étreinte une dernière fois dans le verre n° 17. J'y trouve un grand rotifère qui change plusieurs fois de forme sous mes yeux.

Le lendemain, 18 février, à midi, tous les animaux paraissent morts, à l'exception du petit rotifère du verre de montre n° 18, qui meurt à son tour, comme on l'a déjà dit, dans la nuit du 18 au 19 février.

A partir de ce jour, les préparations, examinées soir et matin jusqu'au 22 février au soir, n'ont plus montré que des animaux parfaitement immobiles. Plusieurs rotifères étaient encore en boule, mais je pensai qu'après onze jours d'humectation, sous une température qui, pendant les six derniers jours, n'était pas descendue au-dessous de +15°, il n'y avait aucune chance de voir les autres animaux se ranimer. Les préparations furent donc jetées à l'exception d'une seule, l'une des plus anciennes, celle du verre n° 18, où s'étaient développés un grand nombre de kolpodes dont j'étais curieux d'étudier la reproduction. Je reviendrai tout à l'heure sur l'examen ultérieur de cette préparation.

Tous ces détails minutieux nous ont paru nécessaires pour déterminer le nombre des animaux qui ont revécu, l'époque où ils se sont ranimés, et la durée de leur vie après la réviviscence.

Il y avait dans les diverses préparations qui ont été faites une vingtaine de macrobiotes, aucun émydium, 2 ou 3 anguillules et environ 80 rotifères, grands ou petits. Les grands rotifères étaient rougeâtres, les petits étaient blancs.

Tous les macrobiotes et toutes les anguillules étaient absolument morts.

Le nombre des rotifères qui se sont ranimés ne peut être rigoureusement déterminé, mais il n'est pas inférieur à onze, savoir :

Vus par la commission.	1 grand rotifère	dans le verre	de montre	n° 11	(12 février).
	5 grands rotifères	—	—	n° 18	(13-15 fév.).
	1 petit rotifère	—	—	n° 18	(16 février).
Vus par le rapporteur.	1 grand rotifère	—	—	n° 2	(16 février).
	1 grand rotifère	—	—	n° 8	(17 février).
	1 petit rotifère	—	—	n° 8	(17 février).
	1 grand rotifère	—	—	n° 17	(17 février).

Tous ces animaux ont exécuté des mouvements d'ensemble. Il y a eu en outre, le 12 et le 13 février, chez l'un des rotifères du n° 11, un commencement de révivification caractérisée par des contractions viscérales partielles, sans changement de forme de l'animal, qui est resté globuleux.

La révivification la plus précoce a été celle de l'autre rotifère du n° 11. Elle s'est effectuée sous nos yeux au bout de dix-huit heures d'humectation.

La révivification la plus tardive a été celle du grand rotifère qui s'est ranimé le 17 février, entre quatre et onze heures du soir, dans le verre n° 8, après cinq jours d'humectation.

Ces animaux étaient peu vigoureux. Trois seulement ont déployé leurs roues, marché et cherché leur proie; les autres restaient en place, s'allongeant ou se repliant sans avancer. Nous avions d'abord attribué cette paresse à la rigueur de la température; mais une température de 15° prolongée ensuite pendant plusieurs jours n'a pu rendre la vigueur aux animaux.

Enfin, on remarquera que les animaux ranimés n'ont conservé que peu de temps leur activité. Le plus vivace a été le petit rotifère du n° 18; il est resté actif pendant trois jours. Les autres ont cessé de se mouvoir beaucoup plus tôt, et plusieurs même sont redevenus immobiles avant vingt-quatre heures.

Cet état d'immobilité, persistant pendant plusieurs jours de suite, nous avait paru un état de mort, et dans cette conviction, j'avais jeté toutes les préparations le 22 février à l'exception d'une seule, celle du verre n° 18, que j'avais conservée dans un autre but. Je n'en avais même conservé qu'une partie, ayant transvasé incomplétement le contenu dans une petite cuvette plate, pour faciliter l'étude des infusoires qui s'étaient développés dans cette préparation.

Chargé par la commission de faire connaître à MM. Pouchet et Doyère les principaux résultats de la dernière expérience, le rapporteur écrivit à ces messieurs le 28 février pour leur annoncer que plusieurs animaux s'étaient ranimés, mais qu'aucun d'eux n'avait vécu plus de trois jours. M. Doyère me répondit aussitôt en m'invitant à examiner de nouveau les préparations et en me disant que la mort prompte de ces animaux pouvait n'être qu'apparente, et qu'il avait vu plusieurs fois des rotifères, conservés dans l'eau, se rouler en boule et rester complétement immobiles pendant plusieurs jours.

SUITE DE L'EXPÉRIENCE XXI PAR LE RAPPORTEUR.

En recevant cette lettre, le 1er mars 1860, je repris la préparation; j'y trouvai sept rotifères endosmosés, déployés, et morts sans ressource; un tardigrade flottant, une anguillule morte, et deux rotifères roulés en boule. Je concentrai toute mon attention sur ces deux rotifères globuleux, dont le corps ne paraissait pas désorganisé. Je les examinai pendant plus d'une heure; je n'y aperçus aucun signe de vie.

Le 2 mars, dans la matinée, examen pendant une demi-heure, résultat négatif.

Le 2 mars, à neuf heures du soir, les animaux sont encore immobiles; mais à neuf heures et demie, l'un d'eux exécute sous mes yeux quelques contractions. En vingt minutes il change trois fois de forme ; enfin une brusque contraction le rend parfaitement globuleux. Observé ensuite pendant dix minutes il n'exécute plus le moindre mouvement.

Les jours suivants j'ai examiné de nouveau plusieurs fois cette préparation et il ne m'a plus été donné de voir les rotifères se mouvoir. Mais il reste bien certain pour moi que l'un de ces deux animaux était encore vivant le 2 mars au soir. Or il provenait du verre n° 18, où tous les animaux reviviscibles s'étaient ranimés du 13 au 16 février. Il y avait donc au moins quinze jours que cet animal était vivant.

De quelle nature est cet état de mort apparente d'un rotifère qui, conservé dans l'eau, reste entièrement immobile, sous forme globuleuse, pendant plusieurs jours? En apprenant que l'eau de nos préparations n'avait pas été renouvelée, que nous nous étions bornés à ajouter quelques gouttes d'eau pour remplacer celle qui s'était évaporée, sans décanter celle qui avait déjà séjourné dans nos verres de montre, M. Doyère a supposé qu'il s'agissait peut-être d'une espèce d'asphyxie, due au contact d'un liquide altéré par la putréfaction ou la fermentation des matières organiques. Cela est possible pour le rotifère observé le 2 mars dans une préparation déjà ancienne; mais celui qui, humecté le 11 février, fut vu en pleine activité le 12, au bout de dix-huit heures, et qui passa pour mort le lendemain et les jours suivants, et ceux qui, vus vivants le 15 février, après quatre jours d'humectation, furent confondus le lendemain avec les morts, ne peuvent guère avoir été asphyxiés par suite de la décomposition des matières organiques, d'autant plus que la température était très-froide, et que les préparations ne furent maintenues dans un milieu plus chaud qu'à partir du 15 février à trois heures après midi. D'ailleurs nous avons vu en été, par des températures de 20 à 25°, des rotifères vivre plus de cinq jours dans des verres de montre dont l'eau n'avait pas été décantée, sans paraître en souffrir le moins du monde. Ce n'est donc pas à cette cause qu'il faut attribuer le peu de durée de l'activité des rotifères qui se sont ranimés après avoir subi pendant trente minutes une température de 100°. Il me paraît bien plus probable que leur organisme avait été lésé par cette épreuve périlleuse, qu'ils ne se sont pas ranimés dans un état d'intégrité parfaite, et qu'ils n'ont recouvré qu'une vie languissante aboutissant promptement soit à une mort définitive, soit à un état d'immobilité ressemblant à la mort. Je rappellerai que trois de ces animaux seulement sur onze ont exécuté sous nos yeux des mouvements de *locomotion*, que ceux-là même étaient peu agiles, que les autres, plus paresseux encore, ne changeaient pas de place; qu'enfin un douzième rotifère n'a pu exécuter que de petites contractions partielles, probablement viscérales, sans pouvoir réussir à se déployer. J'ajoute que dans mes observations du 6 septembre 1859, faites sur la mousse chauffée à 98° au mois de juin précédent par M. Doyère, aucun des trois animaux ranimés n'a conservé plus de trois jours son activité; que dans mes observations du 18 mars 1860, faites sur la même mousse, le seul animal qui se soit ranimé a vécu moins de quarante-huit heures (1). Il me paraît résulter de ces faits que les épreuves dangereuses ne sont pas funestes seulement aux animaux qui perdent leur propriété de réviviscence, mais qu'elles sont nuisibles même à ceux qui la conservent, et si l'on considère en outre que le nombre des animaux réviviscents est d'autant moindre que l'épreuve a été plus périlleuse et plus longue, on est conduit à penser que le chauffage à 100° ne saurait être prolongé au delà d'une certaine limite sans mettre définitivement à mort tous les animaux.

La comparaison des deux expériences XX-XXI nous fournit un enseignement utile. Ces deux expériences ont marché de front; elles ont été faites dans des conditions en apparence identiques; et cependant l'une a réussi, tandis que l'autre a échoué. On ne peut s'en prendre qu'à la différence des mousses mises en expérience. Celles qui ont fourni des animaux réviviscents provenaient de la boîte n° 4; elles avaient été récoltées à Meudon, sur des rochers exposées au sud, et leur terreau était blond. Celles dont les animaux ont succombé à l'épreuve du chauffage provenaient de la boîte n° 2; elles avaient été recueillies à Toulon sur un toit exposé au nord, et leur terreau était noir. Nous savons d'ailleurs qu'il y avait dans cette mousse, avant le chauffage, des animaux réviviscibles, car un échantillon pris dans la cupule n° 29 au sortir de la machine pneumatique, et déposé le 9 février dans la boîte A (2), a été mis en expérience le 17, et a fourni des rotifères et des tardigrades vivants. Il est vrai que le nombre des animaux morts sans retour était beaucoup plus considérable (vivants : 2 rotifères et 1 macrobiote; morts : 7 à 8 rotifères, 6 macrobiotes, 1 émydium et 3 anguillules). Or le 11 novembre, avant d'être soumise à l'action du vide, cette mousse avait donné trois réviviscences sur trois animaux examinés (3). Le séjour dans le vide pendant quatre-vingt-deux jours avait donc été très-nuisible aux animaux. Si l'on compare ce résultat avec celui qui a été constaté dans l'expérience XVII, sur les animaux de la mousse à terreau blond, après

(1) Voy. plus haut, dans la suite de l'expér. VI, p. 46.
(2) Voy. plus haut, p. 86.
(3) Voy. plus haut, p. 77.

soixante-quinze jours de séjour dans le vide (1), on voit que l'épreuve de la dessiccation prolongée à froid a été beaucoup mieux supportée par ces derniers.

Il paraît donc que la propriété de résister soit à la dessiccation à froid, soit à la dessiccation à chaud, est plus développée chez les animaux élevés dans le terreau de couleur claire, c'est-à-dire dans un milieu habituellement sec, que chez les animaux élevés dans le terreau de couleur foncée, c'est-à-dire dans un milieu plus humide. Cette conclusion ne repose pas sur un assez grand nombre d'observations pour être adoptée sans appel. Peut-être même la couleur du terreau n'est-elle pas toujours en rapport avec l'humidité du lieu où croissent les mousses. Mais ce qui est bien positivement établi par les résultats inverses des deux expériences XX et XXI, c'est que la résistance de la propriété de réviviscence aux épreuves dangereuses est sujette à varier beaucoup, pour des animaux de même espèce élevés dans des lieux différents. Il n'en faut pas davantage pour concilier les faits, en apparence contradictoires, qui ont été constatés par des observateurs habiles et sincères; c'est ici surtout que les expériences négatives doivent être accueillies avec prudence, et même avec défiance, quel que soit le talent de ceux qui les exécutent.

Nous avons à nous excuser, messieurs, d'avoir si longtemps arrêté votre attention sur des détails expérimentaux aussi minutieux et aussi fatigants. Vous voudrez bien ne pas oublier que la plupart des faits que nous avons été appelés à examiner étaient en contestation; il nous a donc paru nécessaire de vous les exposer aussi complétement que possible afin que chacun de vous puisse les analyser, les étudier comme nous l'avons fait nous-mêmes, et contrôler nos appréciations en pleine connaissance de cause. Nous pourrions, et nous devrions peut-être nous en tenir là; mais si votre attention n'est pas encore épuisée, nous vous demanderons la permission de vous présenter encore quelques remarques sur certaines questions qui, sans nous avoir été directement soumises, se rattachent étroitement à celles dont nous nous sommes occupés jusqu'ici.

(1) Voy. plus haut, p. 78.

TROISIÈME PARTIE.

REMARQUES GÉNÉRALES SUR LA RÉVIVISCENCE.

Nous avons dit déjà que les animaux réviviscents, en état d'activité dans l'eau ou dans la terre humide, ne diffèrent pas des animaux ordinaires. Les conditions de leur vie ou de leur mort n'offrent alors rien de particulier, rien qui mérite d'arrêter longtemps l'attention des biologistes.

Mais lorsque ces animaux ont été amenés, par suite de l'évaporation, à un état de dureté et d'immobilité complète, et que cependant ils conservent encore, au milieu de toutes les apparences de la mort, la propriété de se ranimer au contact de l'eau, ils offrent à l'observateur un sujet d'étude tout spécial, et comme un monde nouveau à peine exploré jusqu'ici par la physiologie.

Dans les nombreux travaux qu'on a faits sur ce sujet, on s'est presque toujours borné à examiner une seule question. On s'est demandé si les corps réviviscibles étaient dans un état de mort véritable ou dans un état de mort apparente. La plupart des expériences, malgré leur variété, ont été dirigées dans ce sens. On a placé les animaux plus ou moins desséchés dans des conditions qui pouvaient paraître incompatibles avec la vie, et l'on a cherché si la propriété de réviviscence résistait ou non à ces épreuves.

C'est, il faut le dire, la partie la plus importante du sujet, mais ce n'en est qu'une partie. Que l'animal réviviscible soit réellement mort ou qu'il soit doué de vie, il est certain qu'il se trouve dans des conditions entièrement différentes de celles que présentent ordinairement, soit les corps vivants, soit les corps inanimés; il importe donc de faire, sur ce mode particulier d'existence, une série de recherches analogues à celles que les physiologistes ont faites sur les fonctions de la vie, et à celles que les chimistes ont faites sur les propritétés de la matière.

M. Doyère est entré le premier dans cette voie en signalant certaines conditions communes qui président à la fois au maintien de la propriété de réviviscence et au maintien des propriétés de certains principes immédiats.

M. Davaine, en étudiant l'action d'un grand nombre de substances organiques ou minérales, acides ou alcalines, toxiques ou non toxiques sur les anguillules de la nielle, en comparant sous ce rapport les anguillules adultes avec les larves, et les larves déjà ranimées avec celles qui ne l'étaient pas encore, a tracé le cadre d'une série d'expériences qui devront être répétées sur les autres animaux réviviscents.

Enfin les observations toutes récentes de M. Pouchet et de ses élèves, MM. Pennetier et Tinel, ont notablement agrandi le cercle de nos connaissances sur les conditions au milieu desquelles persiste ou disparaît la propriété de réviviscence, et quoique, à notre avis, ils n'aient pas connu la véritable interprétation des faits qu'ils ont découverts, ces faits, dont l'exactitude n'est pas douteuse, ont droit désormais à toute l'attention des physiologistes.

Des observations assez nombreuses avaient déjà montré que les animaux réviviscents, déposés dans des boîtes, ne sont pas toujours indéfiniment réviviscibles ; on les avait vu revivre au bout de plusieurs années, et même au bout de vingt-huit ans; toutefois on avait remarqué que le nombre de ceux qui se ranimaient diminuait ordinairement à mesure qu'on prolongeait plus longtemps l'expérience ; il paraissait donc probable que la durée de la propriété de réviviscence n'était pas illimitée. En d'autres termes, on savait que l'*épreuve du temps* finissait par devenir dangereuse au bout d'un nombre d'années qui variait beaucoup suivant les cas, et qui, d'après les faits connus, ne paraissait jamais inférieur à trois ou quatre ans; mais la cause de ce phénomène restait inconnue. Dominé par la pensée que la vie des animaux réviviscents dépendait de la présence ou de l'absence de l'eau dans leurs tissus, M. Pouchet a pensé que la durée de la propriété de réviviscence variait suivant que les conditions étaient plus ou moins favorables à l'évaporation de l'eau, et qu'en définitive l'*épreuve du temps* n'était qu'un cas particulier de l'*épreuve de la dessiccation.* Pour vérifier l'exactitude de cette supposition, il a cherché à accélérer l'évaporation naturelle en exposant aussi directement que possible les corps réviviscents au contact de l'air; il les a dispersés au moyen d'un tamis, sur de grandes plaques de verre, et quoiqu'il ne les eût soumis à aucun procédé de dessiccation artificielle, il a vu qu'alors la réviviscence s'éteignait, non pas au bout de quelques années, mais au bout de deux ou trois mois, et même en été au bout de deux à trois semaines. Il a pu être conduit, par des circonstances que nous examinerons bientôt, à exagérer la rapidité de la mort définitive des animaux traités de la sorte ; mais une différence de quelques semaines est ici de peu d'importance. Le fait essentiel, démontré par M. Pouchet, c'est que l'*épreuve de l'exposition à l'air libre* constitue pour les animaux réviviscents une épreuve très-dangereuse.

Le professeur de Rouen en a tiré une conséquence qui paraissait assez logique, et qui devait naturellemeut se présenter à son esprit, savoir : que l'*épreuve de l'exposition à l'air libre*, l'*épreuve du temps* et l'*épreuve du chauffage* agissaient de la même manière sur les animaux ; que c'étaient seulemeut trois formes différentes de l'épreuve de la dessiccation, qu'elles ne différaient que par la lenteur ou la rapidité de leurs résultats, et que la mort, la mort définitive, survenait dans les trois cas au moment où la quantité d'eau retenue dans les tissus devenait insuffisante pour l'entretien de la vie.

Cette doctrine, qui atténuerait singulièrement, sans l'effacer toutefois, la gravité du phénomène de la réviviscence, se trouve renversée par ce fait que nous avons ranimé des rotifères desséchés d'abord à froid, puis à chaud, aussi complétement que possible. Les trois épreuves dont nous venons de parler ne doivent donc plus être confondues avec l'épreuve de la dessiccation. L'enchaînement qu'on avait établi entre elles se trouve rompu, et il est nécessaire de les étudier séparément.

1° ÉPREUVE DE L'EXPOSITION A L'AIR LIBRE.

Nous savons maintenant qu'un rotifère, desséché successivement à froid et à chaud et parvenu au degré de dessiccation le plus complet qu'on puisse obtenir, dans l'état actuel de la science, sans décomposer les matières organiques, peut conserver encore la propriété de se ranimer au contact de l'eau.

Comment concilierons-nous pourtant cette proposition avec les observations de MM. Pouchet, Pennetier et Tinel sur la mort prompte et définitive des animaux réviviscents desséchés à l'ombre et à la température ordinaire de l'été? N'oublions pas que dans ces conditions M. Pouchet a vu la propriété de réviviscence détruite à partir du seizième jour, qu'une autre expérience, faite en automne, nous a montré que presque tous les animaux étaient morts au bout de soixante-dix-huit jours (expér. XIII), qu'enfin du terreau récolté par M. Pouchet et conservé dans un lieu sec a cessé, depuis le mois de novembre, de fournir des animaux réviviscents (1).

Y aurait-il donc contradiction entre ces deux séries de faits? Répétons une fois de plus qu'il ne saurait y avoir de contradiction dans la

---

(1) Voy. plus haut, p. 65.

nature. Lorsque deux faits bien constatés paraissent opposés l'un à l'autre, c'est que l'un des deux au moins a été mal interprété.

Le premier fait, c'est-à-dire la réviviscence des rotifères desséchés dans le vide sec pendant quatre-vingt-deux jours, puis dans l'air sec à 60° pendant deux heures, puis dans l'air sec à 100° pendant trente minutes, ce fait est-il mal interprété? Des corps microscopiques qui ont subi une pareille épreuve sont-ils moins secs que les mêmes corps desséchés pendant seize jours à l'air libre, même en été, même au soleil? La réponse ne peut faire l'objet d'un doute. Il est certain que la dessiccation artificielle est plus complète que la dessiccation naturelle, et si la première ne suffit pas pour mettre définitivement à mort les rotifères, on peut dire, à plus forte raison, que l'autre est incapable de détruire *à elle seule* la propriété de réviviscence de ces animaux.

C'est donc le second fait qui est mal interprété. Ce n'est pas à la dessiccation proprement dite, c'est à une autre cause qu'il faut attribuer la mort définitive des animaux desséchés naturellement à l'air libre.

Cette conclusion est rigoureuse, et a paru telle à M. Pouchet, puisqu'il a dit à propos de l'expérience du chauffage, dont il nous traçait le programme, que, si nous réussissions à ranimer des animaux chauffés à 100° pendant trente minutes, il était prêt à « anéantir, en pré- « sence de ce fait, cent expériences variées qui cependant s'élèvent « contre lui (1). »

Il est bien entendu que ce ne sont pas les expériences en question qui se trouvent anéanties; elles sont et restent parfaitement exactes. Ce qui s'écroule, c'est seulement l'explication qu'on en avait donnée.

Il était bien naturel que cette explication se présentât, avant toute autre, à l'esprit de M. Pouchet. Sachant que plusieurs expérimentateurs avaient ranimé, au bout d'un certain nombre d'années, des animaux renfermés dans des boîtes, ayant vu lui-même la réviviscence persister plusieurs mois dans le terreau conservé en couche épaisse, puis ayant constaté que les animaux du même terreau périssaient sans retour au bout de quelques semaines lorsqu'il les étalait en couche mince sur une lame de verre, et qu'ils succombaient plus promptement encore lorsqu'il les déposait à nu dans un verre de montre, il en conclut, avec toute apparence de raison, que les conditions propres à favoriser l'évaporisation de l'eau accéléraient la mort définitive, que les conditions opposées la retardaient, et que par conséquent les animaux, en perdant leur eau, perdaient leur propriété de réviviscence. Cette proposition lui parut d'autant plus certaine que ses essais de

---

(1) Voy. plus haut, p. 75.

dessiccation artificielle ne lui avaient donné que des résultats négatifs. Nous vous avons déjà signalé les causes qui avaient pu le faire échouer. Nous n'y reviendrons pas ici.

Comment expliquerons-nous donc ce double fait que les rotifères et les tardigrades, exposés directement au contact de l'air, à la température naturelle, perdent en quelques mois leur propriété de réviviscence, tandis que les mêmes animaux, conservés dans des boites ou dans une couche épaisse de sable ou de terreau, sont encore réviviscibles au bout de plusieurs années?

Si l'exposition prolongée au contact de l'air n'avait été nuisible qu'aux animaux de M. Pouchet, nous pourrions supposer que le peu de résistance de ces animaux dépendait de leur provenance. Nous savons que, *toutes choses égales d'ailleurs*, les rotifères et les tardigrades élevés dans du sable habituellement sec résistent mieux à certaines épreuves que ceux qui ont vécu dans un terreau habituellement humide. Il est donc assez probable que cet élément n'est pas sans influence sur les résultats de l'exposition à l'air libre, et quand on voit dans les premières observations de M. Pouchet tous les rotifères mourir définitivement dès le dix-septième jour (1), lorsqu'on voit la propriété de réviviscence éteinte déjà au bout de cinq jours chez tous les tardigrades, chez toutes les anguillules et chez presque tous les rotifères (2), on est autorisé à croire que la nature du terreau a été pour beaucoup dans ce singulier résultat. Mais du terreau très-semblable, recueilli dans le même lieu deux ou trois mois plus tard et mis en expérience le 13 août devant la commission, renfermait encore, au bout de soixante-dix-huit jours, quelques animaux révisvicibles (voy. expér. XII), quoiqu'il eût été exposé au soleil depuis le 23 août jus-

---

(1) Nous ne parlons pas ici des expériences faites devant la commission, mais de celles que M. Pouchet a consignées dans le premier tableau de ses RECHERCHES SUR LES ANIMAUX RESSUSCITANTS, publiées au mois d'août 1859, (p. 89.) Sur 134 animaux examinés entre le cinquième et le vingtième jour, il n'y eut que 9 *rotifères* ranimés par l'humectation ; savoir, 2 au bout de cinq jours, 3 au bout de huit jours, 1 au bout de neuf jours, 1 au bout de onze jours, 2 au bout de seize jours. Au delà du seizième jour il n'y eut plus de réviviscence. Aucun *tardigrade*, aucune *anguillule* ne se ranima. Sur les 134 animaux examinés, il y avait 81 rotifères, 31 anguillules, et 22 tardigrades.

Le terreau avait été desséché à l'ombre, à l'air libre, sous une température qui avait varié de 20 à 28°.

(2) Sur 14 rotifères, 1 anguillule et 6 tardigrades, examinés entre le cinquième et le huitième jour, 2 rotifères seulement furent ranimés.

qu'au 1er octobre en couche excessivement mince; enfin, plus de la moitié des animaux se sont ranimés dans des préparations faites depuis le même temps, avec le même terreau, sur de petites plaques de verre ou dans des verres de montre conservés dans le laboratoire de physique, sous une cloche tubulée (expér. XIII). Voilà donc des résultats bien différents obtenus avec des animaux de même provenance. D'un autre côté, dans l'expérience III, faite avec la mousse de Toulon, presque tous les animaux exposés à l'air libre avaient perdu, au bout de soixante-quinze jours, leur propriété de reviviscence; ces animaux étaient pourtant doués d'une organisation bien solide, puisque la même mousse, chauffée à 98° dans l'expérience VI, a fourni un très-grand nombre de rotifères et de tardigrades réviviscents. Ce ne sont donc pas seulement les animaux de la cathédrale de Rouen qui succombent à l'épreuve de l'exposition à l'air libre. Cette épreuve, chose qu'on n'eût certes pas prévue, est plus dangereuse que celle de la dessiccation artificielle, et elle paraît nuisible à la plupart des animaux des toits, quelle qu'en soit la provenance.

On remarquera que des corps microscopiques dispersés sur le verre, et conservés à l'air libre, soit en été, soit en hiver, soit à l'ombre, soit dans un lieu visité chaque jour par le soleil, ne sont pas exposés seulement à perdre leur eau par évaporation. Ils subissent nécessairement les variations de température et les variations hygrométriques de l'atmosphère. Déposés dans des boîtes, ou conservés en couche épaisse, ils n'échappent pas pour cela à ces deux ordres d'influences, mais ils les subissent moins aisément, et surtout moins brusquement, et c'est à cela sans doute qu'ils doivent de garder pendant un temps incomparablement plus long leur propriété de reviviscence; car, ainsi que nous l'avons déjà dit, on ne peut attribuer cette différence au fait pur et simple d'une dessiccation plus ou moins complète.

Mais il se présente une objection qui paraît fort grave. Vous n'avez pas oublié que les rotifères et les tardigrades peuvent subir impunément et sans transition des changements de température énormes et presque incroyables; qu'ils peuvent sauter sans périr de — 17° 6 à + 78°, et qu'après cette épreuve effrayante, humectés tout à coup, encore chauds, avec de l'eau froide, ils se raniment en quelques minutes (expér. IX et X). N'est-ce pas la preuve, nous dit M. Pouchet, que les changements les plus extrêmes et les plus rapides de température et d'humidité sont sans action sur les corps réviviscibles? Qu'est-ce auprès de cela que les étroites oscillations thermométriques et hygrométriques qui atteignent les animaux exposés à l'air libre en quelque saison que ce soit?

Cet argument est séduisant, mais il n'est pas sans réplique.

M. Doyère est le premier expérimentateur qui ait recommandé d'humecter graduellement, en quelques heures ou même en deux ou trois jours, les animaux dont la réviviscence a été compromise par le chauffage à 100°. Mais tous les autres observateurs (et lui-même dans les expériences ordinaires) ont l'habitude de verser l'eau directement sur les corps plus ou moins secs qu'ils veulent ranimer. Un brusque changement d'état hygrométrique n'est donc pas un obstacle sérieux à la réviviscence. On ne peut pas dire toutefois que cette épreuve soit absolument sans danger. Lorsqu'on place un nombre déterminé d'animaux dans un verre de montre, avec une petite quantité d'eau, qu'on les laisse sécher à l'air libre pendant deux ou trois jours, qu'on les humecte de nouveau pour les faire sécher encore, et ainsi de suite, on voit le nombre des réviviscents diminuer à chaque humectation nouvelle, et il arrive un moment où tous les animaux sont définitivement morts. Spallanzani, qui eut la patience de pousser l'expérience jusqu'au bout, put ranimer quelques rotifères jusqu'à quinze fois, mais aucun ne supporta la seizième épreuve (1). Il est même assez rare qu'on puisse aller jusque-là; je n'ai pu dépasser avec les rotifères la sixième révivification, mais j'ai obtenu jusqu'à la neuvième avec les anguillules du blé niellé. Ainsi, quoique l'épreuve de l'humectation soit peu dangereuse, elle n'est pas entièrement inoffensive puisque quelques animaux y succombent même dès la première fois, et le danger s'accroît à chaque nouvelle épreuve. Si le corps des animaux réviviscibles était une matière organique amorphe, il pourrait peut-être conserver toutes ses propriétés, malgré les alternatives répétées d'humectation et de dessiccation à de courts intervalles; mais ce corps est doué d'une organisation compliquée, et il faut que cette organisation soit respectée pour que le retour des fonctions soit possible. Or un corps non homogène qui s'humecte rapidement ne se gonfle pas d'une manière uniforme; les parties hygroscopiques se gonflent plus vite que les autres, et il en résulte des tiraillements intérieurs qui peuvent altérer la structure et même la continuité des tissus. Il n'est donc pas étonnant que l'absorption de l'eau soit capable de nuire à l'organisation des animaux réviviscents, et la seule chose dont on puisse s'étonner, c'est que ce changement d'état ne leur soit pas plus nuisible. Dès le moment que l'absorption de l'*eau* peut faire

---

(1) Spallanzani, Opuscules de physique, etc., trad. fr. Genève, 1777, in-8°, t. II, p. 310 : « Ils (les rotifères) étaient très-abondants la première fois « qu'ils ressuscitaient, mais leur nombre diminua dans les suivantes; ils « étaient très-rares dans les dernières. Il n'en ressuscita plus aucun à la sei- « zième fois. »

perdre aux animaux *desséchés* leur propriété de réviviscence, on comprend que l'absorption de la *vapeur d'eau* atmosphérique puisse produire en eux les mêmes lésions ou du moins des lésions analogues; car en définitive c'est toujours de l'eau qui s'imbibe dans les tissus, qui les gonfle inégalement, et si la propriété de réviviscence est compromise à un degré quelconque dans le premier cas, on ne voit pas pourquoi elle ne serait pas compromise aussi dans le second. Elle le sera sans doute à un moindre degré, car il est naturel que la pénétration de l'eau étant plus lente, les effets de cette pénétration soient moins prononcés et moins graves; mais le risque, pour être atténué, n'est pas annulé.

Au surplus, ce n'est pas seulement l'humectation qui est de nature à altérer la structure des corps réviviscents; l'évaporation trop rapide suffit à elle seule pour produire ce résultat. Une mince couche d'albumine étalée au pinceau sur une lame de verre, et desséchée lentement sous un verre de montre, conserve sa continuité; tandis que si on la dessèche plus vite, si on l'expose seulement à l'air libre, elle ne tarde pas à se fendiller. De semblables fissures, et même des fissures beaucoup moindres, suffiraient amplement pour empêcher un corps réviviscent de se ranimer. Ne savons-nous pas, en effet, que les rotifères, déposés vivants et à nu sur une lame de verre et exposés aussitôt en plein air, perdent le plus souvent leur propriété de réviviscence, tandis qu'ils la conservent ordinairement lorsqu'on les dessèche plus lentement entre deux verres de montre? Ne savons-nous pas que ces animaux, placés dans le vide lorsqu'ils sont encore mouillés, périssent presque tous définitivement, tandis qu'ils résistent très-bien à l'action du vide lorsqu'ils ont été préalablement desséchés à l'air libre (1)? C'est donc la preuve qu'un changement trop rapide de l'état hygrométrique altère gravement leur organisation. Des animaux réviviscents, déjà naturellement et lentement desséchés, sont moins exposés sans doute aux altérations de ce genre; celles-ci, au lieu de se produire en une seule fois et en quelques instants, ne surviendront qu'à la longue et en plusieurs fois; mais il est probable qu'elles deviendront tôt ou tard assez prononcées pour faire perdre aux tissus une partie de leur structure et de leurs propriétés.

Un corps réviviscent, exposé continuellement au contact de l'air, subit donc une épreuve nuisible chaque fois que l'hygromètre varie, et comme l'humidité atmosphérique peut augmenter ou diminuer plusieurs fois dans la même journée, comme les substances hygrosco-

(1) Voy. plus haut, p. 35, 40 et 43.

piques tendent sans cesse à se mettre en équilibre avec l'air qui les touche, le corps du rotifère, déposé à nu sur une plaque de verre, loin d'être dans cet état de repos moléculaire qui assurerait la conservation de ses tissus et de ses organes, est au contraire le siége d'une évaporation ou d'une imbibition qui se succèdent presque sans interruption.

Il est probable que c'est la principale cause du danger que courent les animaux exposés continuellement à l'air libre. La durée du temps au bout duquel ils perdent alors leur propriété de réviviscence, doit naturellement varier avec le nombre et l'étendue des oscillations hygrométriques qui se succèdent dans un temps donné. Cela peut expliquer la différence des résultats obtenus dans les diverses saisons. Cela explique bien mieux encore la longue persistance de la propriété de réviviscence chez les animaux conservés dans une couche épaisse de terreau ou renfermés dans une boîte, car il est clair que dans les deux cas ils sont en grande partie soustraits à l'action des variations de l'humidité atmosphérique.

Faut-il joindre à cette cause l'influence des changements de température? Nous n'osons pas l'affirmer, et la belle expérience de M. Pouchet sur les animaux qui passent tout à coup impunément de — 17°,6 à + 78°, doit nous faire hésiter ici. Nous remarquerons toutefois que cette épreuve n'est pas plus excessive en ce qui concerne la température que ne l'est l'humectation directe en ce qui concerne l'humidité. Une première humectation est presque inoffensive; les animaux y résistent presque toujours, mais ils ne résistent pas à plusieurs humectations faites à de courts intervalles. De même il est possible qu'une première variation de température soit à peu près sans gravité, et que les variations suivantes finissent par devenir dangereuses. Il faudrait donc savoir avant tout si l'expérience des brusques changements de température pourrait être impunément répétée cinq ou six fois de suite. C'est ce qui n'a pas encore été essayé.

Il y a encore une autre condition dont il faut aussi tenir compte. Si les changements de température sont capables de déranger l'organisation des corps réviviscibles, ce ne peut être qu'en y produisant des dilatations et des condensations alternatives. On comprend que la dilatation ne soit pas uniforme dans un corps qui n'est pas homogène, et qu'elle puisse y produire des ruptures intersticielles, d'autant plus à craindre que ces tissus sont plus fragiles. Or la fragilité des tissus est plus grande lorsqu'ils sont secs que lorsqu'ils sont humides. Un rotifère bien desséché, soumis à la pression d'une aiguille, éclate comme un grain de sel, suivant l'expression de Spallanzani (1). Desséché à

(1) Spallanzani, *loc. cit.*, p. 321.

l'air libre depuis quelques heures seulement, et retenant encore une certaine quantité d'eau quoique le verre sur lequel il repose paraisse tout à fait sec, le corps de cet animal est encore assez flexible pour s'aplatir sous le compresseur sans éclater. La fragilité du corps de l'animal est donc d'autant plus grande qu'il est plus sec. Nous rappellerons maintenant que le terreau avec lequel M. Pouchet a fait ses expériences des brusques changements de température, avait été recueilli depuis peu de temps dans un lieu assez humide; que ce terreau n'avait été soumis à aucun procédé de dessiccation, qu'il avait été conservé en couche épaisse, et qu'il devait par conséquent retenir encore une certaine quantité d'humidité. L'humidité nuit aux animaux soumis à des températures élevées, parce qu'elle favorise alors l'altération des matières organiques, et qu'elle les expose à une sorte de coction. Mais si l'expérience a prouvé que la dessiccation préalable augmente la résistance des animaux réviviscents aux températures élevées, elle a prouvé aussi que la présence d'une petite quantité d'eau ne s'oppose pas au succès de l'expérience du chauffage à 80°. L'humidité que renfermaient les corps des rotifères et des tardigrades soumis à l'épreuve des brusques changements de température n'a donc pu détruire en eux la propriété de réviviscence, puisque ces animaux n'ont pas été portés au delà de 78°; mais elle a pu maintenir dans leurs tissus une certaine flexibilité qui les a rendus aptes à subir, sans se rompre, une dilatation inégale et soudaine. Il faudrait donc savoir encore si des animaux plus complétement desséchés résisteraient à la même épreuve aussi bien que les précédents. C'est une expérience à faire, et l'on pourra se demander jusque-là si la dilatation et la condensation alternatives qui accompagnent les fréquentes variations de la température ambiante ne sont pas de nature à déterminer quelques lésions dans le corps des animaux exposés à l'air libre, lorsque l'état hygrométrique de l'atmosphère permet à ces corps de subir une dessiccation considérable.

Quoi qu'il en soit, les dangers de l'exposition à l'air libre ne pouvant être attribués au fait pur et simple de la dessiccation, nous paraissent dépendre des lésions produites soit par les variations de l'état hygrométrique des corps, soit par les variations de la température, soit par ces deux causes réunies, et nous comprenons ainsi pourquoi les deux expériences XII et XIII ont donné à M. Pouchet des résultats si différents. Dans la première, le terreau, dispersé au tamis sur une grande plaque de verre, a été conservé à l'ombre pendant dix jours, puis exposé pendant soixante-huit jours au soleil derrière un vitrage, dans un grenier mal clos, au-dessus des plombs de la Faculté. L'exposition au soleil a eu lieu pendant les deux mois de septembre et octobre, à une époque où les nuits sont fraîches et humides, où la chaleur solaire est encore considérable, et où par conséquent les oscillations de la température et de l'humidité atmosphériques sont très-étendues : presque tous les animanx ont perdu leur propriété de réviviscence. Dans l'expérience XIII, au contraire, plus de la moitié des animaux ont pu se ranimer ; ils étaient pourtant dès l'origine dans des conditions plus défavorables ; provenant du même terreau, ils avaient été humectés devant nous, et *desséchés presque à nu sur le verre ;* ils étaient par conséquent bien plus directement exposés que les autres au contact de l'air. Mais au lieu d'être exposés au soleil, ils ont été conservés à l'ombre, sous une cloche tubulée, au milieu du laboratoire de physique, et dans cette grande pièce bien close, située au premier étage, les variations hygrométriques et thermométriques ont certainement été beaucoup moins brusques et beaucoup moins considérables que dans un petit grenier vitré faisant saillie au-dessus d'une toiture en plomb.

En résumé, quoique Fontana ait pu ranimer un rotifère desséché à nu sur le verre, et exposé à l'air pendant tout un été au grand soleil, l'épreuve de l'exposition à l'air libre, prolongée pendant quelques mois, doit être rangée au nombre des épreuves dangereuses, et la disparition plus ou moins prompte de la propriété de réviviscence paraît devoir être attribuée aux lésions que déterminent dans le corps des animaux les variations fréquentes de la température, et surtout de l'humidité atmosphérique.

2° ÉPREUVE DU TEMPS.

Nous venons d'étudier les causes qui peuvent détruire en quelques semaines ou en quelques mois la propriété de réviviscence des animaux exposés directement au contact de l'air. Les animaux entourés d'une grande quantité de matière solide, enfermés dans des boîtes et conservés dans un lieu sec, échappent, sinon entièrement, du moins en grande partie à l'influence des variations atmosphériques ; il est naturel dès lors qu'ils conservent plus longtemps leur propriété de réviviscence. On sait, en effet, que des rotifères et des anguillules ont pu, dans ces conditions, être ranimés au bout de plusieurs années ; mais on sait aussi que, dans les expériences qui ont été prolongées très-longtemps, la propriété de réviviscence a souvent fini par s'éteindre, une fois au bout de trois ans, d'autres fois au bout de cinq ou six ans ; et quoique, dans un cas sur lequel nous aurons à revenir, des anguillules aient pu revivre après vingt-huit ans, on ne saurait méconnaître que l'épreuve du temps finit à la longue par devenir nuisible aux corps des animaux reviviscents.

On a pu interpréter ce phénomène de trois manières différentes.

Les partisans de la vie latente ont dit simplement que cette vie particulière était, comme toute vie, soumise à l'action du temps; qu'elle pouvait se prolonger bien au delà des limites assignées par la nature à la vie des animaux constamment actifs; qu'au lieu de durer quelques mois, elle pouvait durer plusieurs années, mais qu'elle finissait par s'épuiser tôt ou tard.

Nous nous sommes déjà expliqués sur la vie latente; nous n'y reviendrons pas ici.

La seconde interprétation est celle de M. Pouchet. Nous avons déjà dit que, pour lui, l'épreuve du temps n'est qu'un cas particulier de l'épreuve de la dessiccation. Des animaux enfermés dans une boîte perdent leur eau moins rapidement que ceux qui sont exposés à l'air libre; au lieu de perdre leur propriété de réviviscence au bout de quelques semaines ou de quelques mois, ils peuvent alors la conserver pendant plusieurs années, mais ils ne sauraient la conserver indéfiniment, l'évaporation, quoique retardée, devant tôt ou tard les priver de la proportion d'eau nécessaire à l'entretien de la vie. Aussi M. Pouchet a-t-il pu dire, en parlant des animaux complétement desséchés et soumis pendant trente minutes à une température de 100° : « Un animal qui, dans ces circonstances, revivrait après un seul jour, pourrait revivre après un siècle (1). »

Nous aurons tout à l'heure à examiner cette conclusion, qui est parfaitement logique au point de vue où M. Pouchet s'est placé, mais qui demande à être discutée, maintenant que nous savons que la vie et la mort des rotifères ne dépendent pas du fait pur et simple de la dessiccation.

Reste une troisième et dernière interprétation. Il faut admettre que l'épreuve du temps fait subir au corps des animaux réviviscents de lentes altérations qui finissent par modifier la constitution anatomique ou chimique des tissus, au point de rendre impossible le retour des manifestations vitales; car la propriété de réviviscence paraît liée exclusivement à la conservation de l'état matériel du corps. Mais en quoi peuvent consister ces altérations extrêmement lentes, dont les effets ne deviennent appréciables qu'au bout de plusieurs années? Ne semble-t-il pas qu'un corps une fois desséché, et ainsi soustrait simultanément à la putréfaction, à la fermentation et au mouvement de la vie, devrait conserver indéfiniment l'intégrité de ses organes et la propriété qui en dépend?

(1) Voy. plus haut, p. 75.

On vient de voir ce que pense à cet égard M. Pouchet. Déjà, il y a un siècle, Baker avait dit, à propos des anguillules de la nielle : « Lorsqu'elles sont une fois parfaitement sèches et dures, elles parais« sent à peu près à l'abri des altérations ultérieures, pourvu que leurs « organes ne soient ni brisés ni dilacérés; dès lors, n'est-il pas pos« sible qu'elles soient rendues à la vie, même au bout de vingt, de « quarante, de cent ans ou d'un nombre quelconque d'années, à con« dition que leurs organes soient conservés intacts? L'expérience « future peut seule répondre à cette question. »

Baker, écrivant ces lignes en 1753 (1), faisait allusion à une expérience qui lui avait montré, en juillet 1747, des anguillules réviviscentes dans des grains niellés recueillis et desséchés depuis l'été de 1743, c'est-à-dire depuis quatre ans (2). Ce laps de temps était trop court sans doute pour permettre dès lors à l'auteur de répondre affirmativement à la question qu'il avait posée; mais une observation qu'il fit longtemps après parut beaucoup plus démonstrative. Ces mêmes grains niellés que Needham avait recueillis en 1743, qu'il avait donnés au mois d'août de la même année à Martin Folkes, président de la Société royale de Londres, et que celui-ci avait donnés à Baker en 1744, furent mis pour la dernière fois en expérience en 1771, et les anguillules se ranimèrent encore après avoir été ainsi conservées à sec pendant vingt-huit ans (3). Cette observation, la plus longue de toutes celles qu'on possède jusqu'ici sur la réviviscence, semble confirmer pleinement la supposition qui s'était déjà présentée à l'esprit de Baker, à la suite d'une expérience beaucoup plus courte. Si un animal, dont la vie naturelle ne peut se prolonger au delà d'une année (4), garde encore

---

(1) Henry Baker, EMPLOYMENT FOR THE MICROSCOPE, 2e édit., London 1764, in-8°, part. II, p. 255. La première édition parut à Londres en 1753.

(2) *Loc. cit.*, p. 253-254.

(3) Needham, *Lettre à l'abbé Rozier*, dans le JOURNAL DE PHYSIQUE, t. V, p. 227, mars 1775, in-4° ;— Spallanzani, OPUSCULES DE PHYSIQNE ANIMALE ET VÉGÉTALE, trad. fr. Genève, 1777, in-8°, t. II, p. 356. Spallanzani ne parle que d'une période de vingt-sept ans. Il fait commencer l'expérience à l'année 1744, où les grains niellés furent donnés à Baker ; mais ces grains avaient été recueillis par Needham dès 1743.

(4) Les anguillules de la nielle ne sont réviviscentes qu'à l'état de larves. Les anguillules mères meurent très-peu de temps après avoir déposé leurs œufs dans la galle qui porte le nom de grain niellé. Cette ponte a lieu quelques semaines avant la maturité du blé ; les œufs éclosent presque aussitôt, et les grains niellés, pleins de larves d'anguillules, se dessèchent en même temps que les véritables grains de froment. Conservées dans les greniers jus-

au bout de vingt-huit ans sa propriété de réviviscence, s'il reprend alors sa vie autrefois interrompue, et s'il devient ainsi le contemporain de ceux qui pourraient être ses descendants à la vingt-huitième génération, ne sera-t-il pas permis d'en conclure que la réviviscibilité persiste indéfiniment dans les corps soustraits aux lésions mécaniques?

Cette conclusion n'est pourtant pas rigoureusee, car c'est une question de savoir si la matière organique, même desséchée et inerte, peut se conserver indéfiniment sans altération. Parvenue à un certain état de sécheresse, elle est à l'abri de la putréfaction et de la fermentation, parce que ces actions chimiques exigent, pour se produire à un degré appréciable, une assez notable quantité d'eau. Mais a-t-elle acquis par-là une permanence éternelle? Qui oserait l'affirmer? Parmi les modifications que peut subir la matière, il en est qui s'effectuent dans un temps plus ou moins court; celles là ont pu être étudiées par les physiciens et les chimistes, et rapportées par eux à des causes précises. Mais à côté de ces actions rapides, dont les effets sont faciles à apprécier, il en est d'autres infiniment plus lentes, dont les effets ne deviennent sensibles qu'au bout d'un temps beaucoup plus long, et celles-là sont pour la plupart tout à fait inconnues. Il y a quelques années à peine qu'on commence à connaître les propriétés chimiques de la lumière, et on serait encore bien embarrassé s'il fallait expliquer pourquoi la plupart des couleurs végétales finissent par se faner, même à l'abri du soleil. Le vieux papier change de couleur, celui qui est de mauvaise qualité finit quelquefois par tomber en poussière; les vieux vernis s'écaillent, les vieilles colles perdent leur cohérence, les vieilles farines s'altèrent, le vieux vaccin, conservé à sec entre deux plaques de verre, perd sa vertu au bout de quelques années, etc. Les causes de ces altérations lentes de la matière organique ont à peine été étudiées. On en connaît vaguement quelques-unes, on en soupçonne d'autres, et d'autres encore, qu'on ne soupçonne pas aujourd'hui, seront probablement découvertes plus tard. Les obstacles qui s'opposent aux progrès de cette partie de la science ne sont pas insurmontables sans doute, mais on comprend combien il est difficile de soumettre à une expérimen-

---

qu'à l'époque des semailles, les larves d'anguillules se raniment dans la terre, restent à l'état de larves jusqu'au commencement du printemps, montent alors dans le blé et gagnent l'épi où elles achèvent de se développer. La durée naturelle de leur existence ne peut donc dépasser une année. Elles partagent le sort de la plante annuelle sur laquelle commence et finit leur vie. (Voyez pour plus de détails le mémoire déjà cité de M. Davaine).

tation rigoureuse des phénomènes extrêmement lents, qui ne deviennent appréciables qu'au bout d'un certain nombre d'années. Quoi qu'il en soit, ce qu'on sait aujourd'hui permet déjà de dire qu'il ne suffit pas de mettre le corps d'un animal réviviscent à l'abri des chocs mécaniques, pour être certain qu'il conservera sa structure, ni de le soustraire à la putréfaction pour être certain que ses tissus conserveront leur composition chimique.

Malgré l'obscurité qui plane encore sur la nature des altérations que l'épreuve du temps fait subir aux substances organiques, il est deux ordres d'influences que nous signalerons ici. Les unes paraissent propres à altérer la constitution physique de ces substances, les autres à en modifier la composition chimique.

Nous avons déjà indiqué les premières en parlant de l'épreuve de l'exposition à l'air libre : ce sont les variations de la température et de l'état hygrométrique. Nous avons dit que les alternatives de froid et de chaud, de sécheresse et d'humidité, peuvent agir mécaniquement sur les matières organiques et porter atteinte à la continuité de leur substance, et c'est à ces causes séparées ou réunies que nous avons attribué le peu de durée de la propriété de réviviscence des animaux exposés directement au contact de l'air. Ces mêmes causes agissent avec beaucoup moins d'intensité sur des corps entourés d'une grande quantité de matières et conservés dans des boîtes fermées. L'intensité de leurs effets doit nécessairement décroître comme l'intensité de leur action. Le résultat qui, dans un cas, est obtenu au bout de quelques mois ou quelques semaines, pourra, dans l'autre cas, se faire attendre plusieurs années, et on pourrait déjà expliquer ainsi ce fait, parfaitement certain, que la propriété de réviviscence persiste beaucoup plus longtemps chez les animaux renfermés dans des boîtes que chez les animaux exposés directement aux vicissitudes atmosphériques.

Mais il est probable que les matières organiques soumises à l'épreuve du temps sont exposées à subir, sous l'influence de la chaleur et de l'humidité des modifications d'une tout autre nature, qui peuvent porter atteinte à leur composition chimique. Ce que nous pourrions dire de l'influence isolée de la chaleur trouvera mieux sa place lorsque nous étudierons l'épreuve du chauffage. Nous ne nous occuperons ici que de l'influence de l'humidité.

Nous ne parlons pas, bien entendu, de ce degré d'humidité qui règne, par exemple, dans les caves, et qui place les matières organiques dans des conditions propres à développer la fermentation ou la putréfaction, phénomènes sans doute plus lents dans leur action que si les matières étaient dans l'eau, mais de même nature certainement que la putréfaction et la fermentation ordinaires.

Nous ne parlons pas non plus des substances mal desséchées qui, empilées même dans un lieu sec, peuvent, comme le foin ou le blé encore humides, entrer en fermentation au bout de quelques semaines ou de quelques mois. Cette fermentation, qui détruit la propriété germinative du blé, s'accompagne de production de chaleur et de dégagement d'acide carbonique, et doit par conséquent être rattachée aux fermentations ordinaires.

Il est clair que si les corps réviviscents étaient placés dans l'une ou l'autre de ces conditions, au milieu des matières organiques qui les entourent, ils seraient exposés à subir des actions chimiques analogues aux précédentes, ils les subiraient même assez promptement; mais il est clair aussi que ces cas diffèrent entièrement de celui que nous étudions ici. Nous supposons les substances organiques arrivées et maintenues à un degré de dessiccation suffisant pour rendre impossibles la putréfaction et la fermentation proprement dites, comme l'est, par exemple, le blé bien séché au soleil et étalé dans un grenier en couche peu épaisse.

Ce degré de dessiccation et ce mode de conservation suffisent-ils pour mettre les matières organiques a l'abri de toute altération chimique? Il est certain que non; il est certain, par exemple, que les farines bien sèches, conservées en sacs pendant plusieurs années, acquièrent un mauvais goût et deviennent impropres à la panification. Ces deux résultats sont l'indice d'une altération chimique (1). Le blé desséché d'abord au soleil, puis dans les granges, et enfin déposé dans les greniers, perd en trois ou quatre ans, dans les pays habituellement humides, sa faculté de germination; il ne la perd qu'au bout de sept

(1) C'est un fait bien connu que les farines se conservent d'autant plus longtemps qu'elles sont plus sèches. Du temps de Duhamel on ne faisait le *minot* (farine en baril pour les voyages au long cours) que dans la Provence, parce que les blés y sont plus secs. Les farines du Nord ne pouvaient servir pour le même usage. Duhamel prouva qu'au moyen de l'étuvage on pouvait faire le minot avec toutes les farines. Aujourd'hui l'industrie de la minoterie s'est répandue dans tout le bassin de la Garonne, et jusque dans le nord de la France, à Nantes, au Havre, etc. Il suffit d'enlever à la farine quelques centièmes d'eau et de la soustraire au contact de l'air par la compression pour la conserver plusieurs années. Mais, pour la conserver indéfiniment, il faudrait la déshydrater complétement par des moyens qui, jusqu'ici, n'ont pas été appliqués en grand. Les fécules se conservent beaucoup mieux que la farine. L'altération de celle-ci paraît dépendre surtout de l'altération chimique du gluten, qui perd son élasticité, de telle sorte que la pâte perd son liant et ne lève plus.

ou huit ans dans les pays où l'air est habituellement plus sec et plus chaud; et en Égypte, où il ne pleut jamais, les grains enfermés dans les anciennes sépultures ont si bien résisté à l'action du temps qu'on a pu les faire germer encore après une longue suite de siècles. C'est à dessein que nous avons choisi cet exemple qui est tout à fait comparable à celui des animaux reviviscents. L'animation d'un germe depuis longtemps desséché n'est-elle pas une véritable reviviscence? Cette analogie n'avait pas échappé à Needham qui, à une certaine époque, était parti de là pour établir un rapprochement entre les anguillules de la nielle et les productions végétales. Elle n'a pas échappé non plus à M. Doyère, et, pour cet habile expérimentateur, l'étude des animaux reviviscents n'a été que le prélude d'une importante série de recherches sur la conservation des grains (1). Comme le corps du rotifère, le germe du blé perd sa propriété de reviviscence bien avant

(1) La propriété germinative des grains et leur aptitude à la panification sont à peu près solidaires l'une de l'autre. Les grains qui ne sont plus panifiables ne germent pas, et réciproquement les grains devenus impropres à la germination sont bien près d'être impropres également à la panification. Tout permet donc de croire que la perte de la faculté germinative est le résultat d'une altération chimique de la substance du grain. Cette altération se produit d'autant plus vite que le blé renferme plus d'eau. Les blés très-humides, qui renferment jusqu'à 23 pour 100 d'eau, sont quelquefois altérés avant la fin de l'hiver. Non-seulement ils ne germent plus, mais encore la farine qu'on en extrait ne donne presque plus de gluten par la malaxation. Les blés des environs de Paris renferment, suivant les années, de 14 à 18 pour 100 d'eau. Les plus humides sont gâtés au bout de deux à trois ans; les plus secs peuvent durer jusqu'à sept ou huit ans. Les blés de Maroc et d'Algérie, ne renfermant que de 10 à 13 pour 100 d'eau, et ceux d'Andalousie, ne renfermant que de 6 à 11 pour 100 d'eau, se conservent beaucoup plus longtemps lorsqu'on les soustrait à l'humidité atmosphérique. M. Doyère a reconnu dans ses recherches de 1850-1852 sur l'*Alucite des céréales* que le blé exposé à l'air dans nos contrées subit des variations hygrométriques qui peuvent aller presqu'à 5 et même 6 pour 100 (RECHERCHES SUR L'ALUCITE DES CÉRÉALES, SUIVIES DE QUELQUES RÉSULTATS RELATIFS A L'ENSILAGE DES GRAINS. Paris, 1852, grand in-8°, p. 74). Pour conserver le blé sans altération, il est donc indispensable de le soustraire au contact de l'air, au moins dans nos climats, ce qu'on peut obtenir au moyen de l'ensilage; mais cela ne suffirait pas si l'on ne commençait par enlever au grain une partie de son eau au moyen de l'étuvage, ou de tout autre procédé de dessiccation artificielle. On pourrait aussi conserver indéfiniment la plupart des blés de France, en leur enlevant 4 à 5 pour 100 d'eau par des moyens artificiels, et en les tenant ensuite à l'abri de l'humidité atmosphérique.

100°, lorsqu'on le place sans précaution dans une étuve; mais lorsqu'on le dessèche graduellement avant de le soumettre à cette épreuve, il peut germer encore après avoir dépassé de 15 à 20° la température de l'eau bouillante (1). La réviviscence aux températures élevées est donc subordonnée dans les deux cas à la soustraction préalable de l'humidité, et lorsque nous voyons le séjour dans un air incomplétement sec détruire à la longue la propriété germinative du blé, n'est-il pas permis de croire que la même cause pourra aussi finir par détruire la propriété de réviviscence des rotifères ?

Il résulte de ce qui précède que les animaux réviviscents, desséchés à la température ordinaire, et conservés ensuite dans des boîtes, ne sauraient être considérés comme soustraits aux actions physiques et chimiques. L'état dans lequel se trouvent leurs corps ne peut être considéré comme permanent. Il faudrait prendre des précautions toutes spéciales pour les mettre à l'abri des influences plus ou moins nuisibles que nous venons de signaler : ce serait le seul moyen de savoir si la propriété de réviviscence est aussi permanente que la matière organisée à laquelle elle appartient. Ces précautions n'ont jamais été prises; les animaux ont été conservés sans aucun soin, et le résultat des observations a, par suite, considérablement varié. Spallanzani, dans une de ses expériences, déposa le sable de gouttières dans une boîte, l'examina de six en six mois, et reconnut qu'au bout de trois ans l'humectation ne ranimait pas même un rotifère sur cent (2). Mais dans une autre expérience il vit « les animaux conservés très-secs « dans un petit vase de terre fermé, » se ranimer parfaitement au bout de quatre années. Il en conclut qu'ils ressuscitaient toujours « *quel « que fût le temps pendant lequel ils étaient restés* A SEC (3). » Schultze recueillit, en 1830, du sable de gouttière renfermant des animaux réviviscibles, et, en 1838, c'est-à-dire au bout de huit ans, la propriété de réviviscence persistait encore (4). Tout récemment enfin M. Doyère a mis en expérience des mousses provenant de l'herbier de M. Lenormand. Ces mousses, recueillies à Java il y a plus de onze ans, et re-

---

(1) Duhamel avait déjà réussi, au dernier siècle, à faire germer des grains de blé chauffés dans l'étuve jusqu'à 112°5ᶜ. (Spallanzani, OPUSCULES DE PHYSIQUE, tr. fr., t. I, p. 52. Genève, 1777, in-8°.)

(2) Spallanzani *loc. cit.*, t. II, p. 311.

(3) *Loc. cit.*, p. 309.

(4) M. Strauss Durkheim a eu l'occasion d'examiner ce sable en 1838 au congrès scientifique de Fribourg en Brisgau. La propriété de réviviscence persistait encore. (Communication orale.)

çues en France en 1849, renferment des corps de rotifères qui ont pu être presque tous ranimés après trois ou quatre jours d'humectation. Ainsi la propriété de réviviscence qui, dans une expérience de Spallanzani, s'est trouvée à peu près entièrement éteinte au bout de trois ans, s'est parfaitement maintenue ici, pour des animaux de même espèce, pendant plus de onze ans. Les anguillules de la nielle ont fourni des résultats plus variables encore. On a vu plus haut que Baker avait pu ranimer ces animaux au bout de vingt-huit ans : l'expérience n'a pas été poussée plus loin; la période de vingt-huit ans n'est donc pas une limite, mais un minimum. D'un autre côté, Bauer, dans une première expérience, vit la propriété de réviviscence des anguillules durer pendant cinq ans et huit mois, et disparaître après cette époque; dans une autre expérience, faite sur des grains niellés d'une autre année, les anguillules ne cessèrent d'être réviviscibles qu'à partir de six ans et un mois (1). Voilà des différences tout à fait analogues à celles que montre la durée de la faculté germinative du blé; elles dépendent très-probablement des conditions au milieu desquelles les corps ont été conservés, c'est-à-dire de la facilité plus ou moins grande avec laquelle ils ont subi les variations de température et d'humidité, et de la quantité d'eau qui est restée dans leur tissus. On remarquera que les anguillules de la nielle, qui ont fourni jusqu'ici la plus longue période de réviviscibilité, sont étroitement pressées les unes contre les autres et enfermées au nombre de plus de 50,000 dans une coque épaisse, dure et tellement peu perméable, que lorsqu'on veut la ramollir pour en extraire le contenu, il faut la faire macérer dans l'eau pendant plusieurs heures. Cette enveloppe protectrice rend les anguillules peu accessibles aux variations hygrométriques, et contribue sans doute beaucoup à la conservation de leur propriété de réviviscence.

Nous voilà bien loin maintenant de l'opinion de M. Pouchet. Au lieu de penser comme lui que l'épreuve du temps devient nuisible en desséchant les animaux, nous pensons, au contraire, qu'elle doit sa principale gravité à l'insuffisance de la dessiccation, et à l'absence des précautions destinées à empêcher les corps de s'hydrater de nouveau. Nous pensons aussi, quoique à nos yeux la chose soit plus douteuse, que les variations de température ajoutent encore à ces chances défavorables.

Faut-il conclure de là que l'épreuve du temps soit inoffensive en

---

(1) Francis Bauer, *Microscopical Observations on the Suspension of the Muscular Motion of the Vibrio Tritici*, dans PHILOSOPHICAL TRANSACTIONS, 1833. Part. I, p. 8, in-4°.

elle-même, et qu'en prenant certaines précautions ou puisse maintenir indéfiniment la propriété de réviviscence? Il nous paraît fort probable que des animaux desséchés dans le vide, enfermés à la lampe dans un tube de verre avec un petit fragment de chaux vive, et enfouis dans la terre à une profondeur de 2 ou 3 mètres, soustraits ainsi d'une manière complète aux variations hygrométriques et d'une manière à peu près complète aux variations de température, il nous paraît fort probable que ces animaux conserveraient leur propriété de réviviscence bien plus longtemps que des animaux de même provenance simplement déposés dans des boîtes. Mais la conserveraient-ils à jamais ou seulement pendant un siècle? Pour avoir une opinion sur ce point, il faudrait d'abord savoir si l'absence de l'eau et le maintien d'une température modérée et constante suffisent pour soustraire toutes les matières organiques à toutes les altérations chimiques. L'exemple du blé d'Égypte n'est concluant que pour le blé ; les principes immédiats qui composent ce grain ne sont pas, ne peuvent pas être identiques à ceux qui composent les corps des animaux réviviscents, et les influences qui n'agissent pas sur les uns pourraient à la rigueur modifier les autres. On ne peut donc pas affirmer que l'épreuve du temps doive devenir absolument sans danger à la faveur des précautions qui viennent d'être indiquées. L'expérience seule en pourra décider, et la question restera indécise jusqu'à ce qu'on ait fait cette expérience décisive, qui exigera peut-être le concours de plusieurs générations d'observateurs (1).

---

(1) Lorsque j'ai eu connaissance de la révivication des rotifères de l'herbier de M. Lenormand, j'ai espéré un moment que l'examen des mousses plus anciennes conservées dans les herbiers du Muséum pourrait permettre d'apprécier la durée de la propriété de réviviscence. Il me semblait, et il me semble encore, que les mousses comprimées dans un herbier sont moins exposées aux vicissitudes atmosphériques que les mousses déposées dans des boîtes. Je me suis donc adressé à M. le professeur Brongniart, qui a bien voulu, avec une libéralité dont je ne saurais trop le remercier, mettre à ma disposition des échantiltons de *bryum argenteum*, de *bryum piriforme* et de *grimmia pulvinata*, datant de 20, 40, 50, 70, 100 et même 140 ans. Mais le gisement des plantes n'était pas indiqué sur les étiquettes. Ces mousses ne croissent pas seulement sur les toits, elles croissent aussi dans les lieux humides, elles y deviennent même plus belles que dans les lieux secs, et il est infiniment peu probable que les botanistes qui les ont récoltées soient allés faire leurs herborisations sur les toits. Or les rotifères qui ont été élevés dans les lieux humides ne possèdent qu'à un faible degré la propriété de réviviscence. Il était bon sans doute d'examiner les mousses, mais il fallait le faire avec la pensée qu'un résultat négatif ne prouverait absolument rien.

3° ÉPREUVE DU CHAUFFAGE.

La plupart des animaux qui, dans nos expériences, ont subi pendant trente minutes une température de 100°, ont perdu sans retour leur propriété de réviviscence ; cette épreuve est donc extrêmement dangereuse, quelque précaution qu'on puisse prendre pour en atténuer la gravité.

Les animaux qui se sont ranimés étaient certainement aussi secs que les autres. Ce n'est donc pas le fait pur et simple de la dessiccation qui a été nuisible à ces derniers.

Loin que la dessiccation soit la cause de la mort des animaux soumis à l'épreuve du chauffage, on peut dire au contraire que la résistance aux températures élevées s'accroît d'autant plus que les corps ont été mieux desséchés d'avance.

A l'appui de cette assertion on peut citer une série d'expériences qui n'ont pas toutes été faites devant la commission, mais qui sont parfaitement authentiques.

Les rotifères vivants chauffés dans l'eau périssent au plus tard à 50° centigrades, et rien désormais ne peut les rappeler à la vie (1).

Chauffés dans le sable mouillé ils meurent sans retour à 55° centigrades (2).

Chauffés dans le sable ou dans la mousse qui sans être mouillés ont séjourné dans un air très-humide, ils peuvent supporter jusqu'à 80°

Plusieurs des échantillons que j'ai reçus de M. Brongniart ont été mis en expérience. Je n'y ai trouvé ni tardigrades ni anguillules, mais quelques-uns, notamment ceux de 1750, renferment des corps de rotifères. Ces corps sont réguliers et globuleux, mais les viscères paraissaient désorganisés ; aucun ne s'est ranimé. Les rotifères des mousses recueillies à Java avant 1849, ont pu conserver jusqu'ici, et conserveront peut-être encore longtemps leur propriété de réviviscence. Dans ce climat tropical il n'est sans doute pas nécessaire de monter sur les toits pour trouver des rotifères bien réviviscents. Il faut tenir compte aussi de la durée du temps pendant lequel les plantes préparées dans les herbiers conservent leur humidité primitive. La dessiccation s'obtient à coup sûr beaucoup plus promptement à Java que dans notre zone, et la période d'humidité qui précède la dessiccation définitive doit être d'autant plus nuisible aux animaux qu'elle se prolonge plus longtemps.

(1) Spallanzani avait fixé cette limite à 36° Réaumur qui font 45° centigr. Nous avons indiqué plus haut la cause de son erreur. (Voy. p. 23, en note.)

(2) Spallanzani, *Opuscules de physique*, traduction française. Genève, 1777, in-8°, t. II, p. 334.

de chaleur, mais ne peuvent aller au delà; presque tous périssent même entre 75 et 80° (1).

Chauffés dans un terreau moins humide qui a été desséché naturellement à l'air libre, ils peuvent aller jusqu'à 85 et même jusqu'à 90° (2).

Desséchés pendant sept jours sous la machine pneumatique ils peuvent résister à une température de 98°, prolongée pendant cinq minutes. (Exp. VI et VII.)

Enfin, desséchés à froid sous la machine pneumatique pendant quatre-vingt-deux jours, puis à chaud pendant deux heures, sous une température de 60°, ils peuvent résister à une chaleur de 100° prolongée pendant trente minutes, et portée même à un certain moment jusqu'au delà de 102° (Exp. XXI.)

Ce n'est sans doute pas la limite des températures que les rotifères peuvent supporter lorsqu'ils ont été préalablement desséchés. Nous reviendrons tout à l'heure sur cette limite. Nous voulons seulement ici faire constater que la résistance des rotifères aux températures élevées est en raison inverse de la quantité d'eau interposée dans leurs tissus.

Pourquoi les rotifères chauffés dans l'eau meurent-ils au plus tard et sans retour à 50° centigrades? Cette température est inférieure à celle qui fait coaguler l'albumine et qui détermine dans les matières organiques des changements chimiques *appréciables*. Il est donc probable que le contact de l'eau à 50° fait subir au corps des rotifères des altérations anatomiques incompatibles avec la vie. On trouve en effet immédiatement après le chauffage que les animalcules sont gonflés, allongés, gorgés d'eau. Ils restent dans cet état jusqu'à la putréfaction. Chauffés entre 45 et 50°, ils sont dans le même état de gonflement, mais ils n'y restent pas tous, et au bout de quelques heures ou de quelques jours, un certain nombre d'entre eux reprennent leur activité (3).

Il est naturel que, chauffés hors de l'eau, les animaux réviviscents échappent à ces lésions anatomiques, qui paraissent déterminées surtout par des phénomènes d'endosmose. Mais dès qu'ils atteignent les températures où l'albumine se coagule ils semblent menacés d'une

---

(1) Gavarret, Expériences sur les rotifères, les tardigrades et les anguillules des mousses des toits, dans Ann. des sc. naturelles, 4e série, t. XI, n° 5 (tirage à part, p. 13).

(2) Pouchet, Recherches et expériences sur les animaux ressuscitants. Paris, 1859, in-8°, p. 91 et 92.

(3) Gavarret, *loc. cit.*, p. 11.

désorganisation irréparable, et puisque cependant ils résistent à cette épreuve et même à des températures encore plus élevées, il faut en conclure de deux choses l'une : ou bien qu'ils ne renferment pas d'albumine, ou bien que cette substance se trouve chez eux dans un état qui la soustrait à la coagulation.

La première hypothèse est peu vraisemblable. Tous les animaux qu'on a pu analyser jusqu'ici ont fourni de l'albumine. Il ne faudra donc recourir à cette hypothèse que si l'on ne peut faire autrement, et l'on pourra faire autrement si la seconde hypothèse est reconnue valable.

Or on va voir que la réviviscence des rotifères soumis à l'épreuve du chauffage est parfaitement compatible avec l'existence d'une certaine quantité d'albumine dans leurs tissus.

L'albumine liquide peut être solidifiée de deux manières : par coagulation ou par dessiccation.

L'albumine coagulée est devenue à jamais insoluble dans l'eau. Mais l'albumine desséchée à froid conserve sa solubilité ; et lorsqu'elle est redissoute on trouve qu'elle n'a perdu aucune de ses propriétés.

On comprend ainsi qu'un corps renfermant de l'albumine et desséché à froid puisse être remis par l'humectation dans l'état où il était avant la dessiccation.

L'albumine desséchée à l'air libre pendant quelques jours retient encore une certaine quantité d'eau. Celle qu'on prépare dans le commerce pour le collage des vins serait exposée à une prompte putréfac- si on ne la desséchait plus complétement dans une étuve chauffée entre 40 et 50°. La dessiccation naturelle à l'air libre laisse donc dans l'albumine une proportion d'eau assez notable.

Néanmoins cette albumine peut être chauffée sans aucune précaution jusqu'à environ 80° sans perdre sa solubilité.

Si pour la dessécher davantage on l'étale en couche très-mince sur une assiette, et qu'on la garde pendant quinze jours dans un lieu sec, on peut au bout de ce temps l'exposer pendant plusieurs minutes à une température sèche de 100° sans lui enlever sa solubilité.

Enfin, M. Chevreul a reconnu que l'albumine desséchée aussi complétement que possible *sous la pression atmosphérique* ne cesse entièment d'être soluble qu'après avoir subi *pendant une heure et demie au moins* une température sèche de 100° (1). Ce professeur n'a pas eu

---

(1) Chevreul, DE L'INFLUENCE QUE L'EAU EXERCE SUR PLUSIEURS SUBSTANCES AZOTÉES SOLUBLES, dans ANN. DE CHIMIE ET DE PHYSIQUE, t. XIX, p. 32 (1822), lu à l'Académie des sciences le 9 juillet 1821. Nous croyons devoir indiquer

recours à la dessiccation préalable dans le vide sec; M. Doyère pense qu'avec cette précaution de plus on arriverait à redissoudre de l'albumine chauffée même jusqu'au delà de 120°. Mais ceci est encore du domaine de l'hypothèse.

En tous cas, nous en savons assez pour être autorisés à dire que la réviviscence des rotifères chauffés à 100° n'implique nullement l'idée qu'il n'y ait pas d'albumine dans le corps de ces animaux.

Dès lors il n'y a aucune raison de croire que les animaux réviviscents diffèrent des autres par l'absence de l'albumine.

On remarquera d'ailleurs que les conditions de dessiccation plus ou moins complète qui permettent à l'albumine de conserver sa solubilité, et aux rotifères de conserver leur propriété de réviviscence, sous des températures croissantes, sont à peu près exactement les mêmes. L'analogie est frappante, et l'on pourrait être tenté de supposer que la propriété de réviviscence des rotifères soumis à l'épreuve des températures élevées dépend uniquement de la solubilité de leur albumine.

Telle n'est pourtant pas la pensée de M. Doyère. Pour lui, la question de l'albumine n'est pas la base exclusive de la théorie de la réviviscence : ce n'est qu'un exemple particulier destiné à montrer que l'influence de la dessiccation préalable sur les rotifères soumis à l'épreuve du chauffage n'est pas en opposition avec les faits de la chimie organique. Dès le moment qu'un principe immédiat, l'albumine, peut acquérir en se desséchant de plus en plus la propriété de résister à des températures croissantes, les principes albuminoïdes indéterminés dont se compose le corps des rotifères peuvent se comporter d'une manière analogue sans qu'il y ait lieu de s'en étonner.

---

en quelques mots les principaux faits consignés dans cet important mémoire. M. Chevreul, après avoir étudié plusieurs autres matières azotées, s'occupe de l'albumine de l'œuf (§ 7). 100 parties de blanc d'œuf desséchées à l'air libre se réduisent à 15, et ce résidu desséché dans le vide se réduit à 13,65. Par conséquent 15 parties d'albumine séchées à l'air libre contiennent encore 1,35 d'eau d'interposition (soit 9 p. 100). Nous citerons maintenant dans son entier le passage relatif à *l'action de la chaleur sur l'albumine sèche soluble* (p. 41). « L'albumine *séchée à l'air* peut passer à l'état d'albumine coagulée « insoluble, si on la renferme dans une petite boule de verre qu'on tient « plongée dans l'eau bouillante pendant une heure ou une heure et demie. « L'albumine roussit. L'effet de la chaleur ne se produit que lentement, car, « après une heure et demie *une partie* de l'albumine est encore soluble dans « l'eau, et coagulable, si l'on chauffe la solution filtrée jusqu'à 78°. » M. Chevreul n'a pas répété cette expérience sur l'albumine desséchée dans le vide.

L'altération que subissent diverses substances organiques, et en particulier l'albumine, lorsqu'on les chauffe en présence de l'eau, n'est pas une décomposition; elle paraît due, au contraire, soit à la combinaison de ces substances avec l'eau, celle-ci passant à l'état d'eau de combinaison, comme cela a lieu dans l'hydratation du plâtre, soit à un de ces changements d'état connus sous le nom de *transformations isomériques*, dans lequel l'eau n'exercerait qu'une action de présence.

Lorsque les substances soumises au chauffage sont parfaitement desséchées, et qu'on les chauffe dans un milieu parfaitement sec, elles échappent à cette cause d'altération et peuvent dès lors résister à des températures qui les modifieraient si la moindre quantité d'eau ou de vapeur d'eau était en contact avec elles. C'est sur ces données que M. Doyère a fait reposer l'épreuve du chauffage des animaux réviviscents; toutes les précautions dont il s'entoure ont pour but d'exclure entièrement de l'étuve l'eau et la vapeur d'eau. Pour lui, le chauffage des rotifères à 100° n'est pas destiné à sécher les animaux plus complétement qu'on ne les dessèche à froid, mais à prouver qu'il ne reste plus d'eau dans le corps de ces animaux au moment où ils approchent de la température de l'eau bouillante. On pouvait supposer jusqu'alors que les rotifères desséchés à froid, ou sous des températures peu élevées, conservaient néanmoins en vertu de leur état de vie, ou en vertu du peu de perméabilité de leurs enveloppes, une certaine proportion d'eau. Pour prouver que cette interprétation était inadmissible, et que les corps des rotifères et des tardigrades se desséchaient aussi complétement que les substances inertes, M. Doyère a soumis ces corps à des températures qui auraient dû altérer la composition chimique de leurs tissus s'il y fût resté la moindre quantité d'eau. Constatant ensuite que les animaux étaient encore réviviscibles, il en a conclu que la composition chimique de leurs tissus n'avait pas été altérée, et que par conséquent ils étaient tout à fait secs au moment où ils avaient atteint les hautes températures. En d'autres termes, l'épreuve du chauffage n'a été pour lui qu'une vérification de l'épreuve de la dessiccation. Voilà pourquoi, dans ses expériences, il ne s'est pas attaché à maintenir longtemps le maximum de température. Il lui a paru qu'au bout de quelques minutes, la température marquée par le thermomètre de l'étuve avait dû pénétrer complétement jusqu'aux moindres parcelles de la substance placée autour de la boule du thermomètre. Pour M. Pouchet, au contraire, le chauffage n'est qu'un moyen de dessiccation, et dès lors, la température maximum doit être maintenue assez longtemps pour que l'évaporation totale de l'eau soit rendue absolument indubitable.

Il n'est pas étonnant que des expériences dirigées dans des buts différents aient donné des résultats différents. Mais il est résulté des recherches de M. Pouchet un fait d'une haute importance dont nous aurons bientôt à chercher l'explication : c'est que la durée de l'épreuve du chauffage en accroît considérablement le danger.

Ainsi, 1° dans l'expérience XI (voy. plus haut, p. 61), quelques centigrammes de terreau ont été chauffés pendant *trente minutes* à une température de 78° environ. Tous les rotifères se sont ranimés, ainsi qu'une anguillule. (Il n'y avait pas de tardigrades dans la préparation). Le thermomètre avait marqué plusieurs fois jusqu'à 80°; et dans l'expérience X, qui avait donné un résultat analogue, la température s'était élevée une fois jusqu'à 84°.

2° Dans une autre expérience faite à Rouen avec du terreau de même provenance, et contenant environ cinquante animalcules réviviscibles, M. Pouchet avait vu toutes les anguillules, tous les tardigrades, moins deux, et une partie des rotifères (le nombre n'en est pas indiqué), définitivement privés de leur propriété de réviviscence, après une séance de *soixante minutes* à 80°.

3° Une autre fois, toujours avec la même quantité de terreau, il avait prolongé le chauffage à 80° pendant *cent vingt minutes*. Deux rotifères seulement s'étaient ranimés sur environ 50 animaux (1).

La progression est évidente : le nombre des animaux morts sans retour s'est accru à mesure que l'épreuve durait plus longtemps.

Voici maintenant deux autres expériences, faites avec la même quantité de terreau, mais dans lesquelles la température a été maintenue à 85° pendant *soixante minutes*. Cinq animaux se sont ranimés la première fois (4 rotifères et 1 tardigrade); la seconde fois, 3 rotifères ont revécu (2). Ainsi, quoique la température eût été plus élevée de 5° que dans le cas précédent, le nombre des animaux réviviscents a été plus considérable; mais la séance du chauffage avait été deux fois moins longue. Il est moins dangereux pour les animaux de subir pendant une heure une chaleur de 85° que de subir pendant deux heures une chaleur de 80°.

On notera que toutes ces expériences ont été faites sur des animaux de même provenance (terreau noir de la cathédrale de Rouen). Le chauffage n'avait pas été précédé de dessiccation artificielle à froid.

---

(1) Recherches et expériences sur les animaux ressuscitants. Paris, 1859. In-8°, p. 91. Ces deux expériences sont la troisième et la quatrième du tableau.

(2) *Loc. cit.*, p. 91. (Expériences V et VI du tableau.)

Les expériences précédées de dessiccation à froid, et faites avec des animaux élevés dans des milieux plus secs, ont présenté des différences analogues.

Dans les expériences VI et VII, nous avons vu revivre la plupart des animaux qui avaient supporté pendant *cinq minutes* la plus haute température qu'on puisse obtenir dans une étuve à eau bouillante; les tardigrades se sont ranimés aussi bien que les rotifères;

Tandis que dans les expériences XIX, XX et XXI, faites avec beaucoup plus de précautions que les précédentes, la réviviscence n'a été obtenu qu'une fois (expérience XXI), et seulement sur un petit nombre de rotifères. Mais la température de l'eau bouillante avait été maintenue *trente minutes au lieu de cinq.*

L'influence de la durée est aussi évidente ici que dans la première série de faits, et il nous a paru fort probable que, si le chauffage à 100° eût été prolongé vingt ou trente minutes de plus dans l'expérience XXI, tous les animaux auraient fini par succomber définitivement.

Voici enfin une autre série d'expériences que nous pouvons invoquer, quoique nous n'en ayons pas été témoin.

Au mois de novembre 1841, en présence de MM. de Jussieu, Dumas, Milne Edwards et de Quatrefages, M. Doyère ranima des animalcules qui avaient été chauffés jusqu'à 122 et 125° (1).

Au mois d'octobre 1859, MM. Doyère et Gavarret ont fait des expériences dans le but de déterminer le degré de température qui tue irrévocablement les animalcules réviviscibles. Ils ont obtenu la réviviscence à 100°, à 110°. Tous les animaux chauffés à 115, 120 et 125° étaient morts irrévocablement (2). La limite qui, en 1841, paraissait s'élever au moins à 125°, paraissait donc, en 1859, descendre au-dessous de 115°.

Voici la cause de cette différence. En 1841, M. Doyère, ne faisant qu'une expérience à la fois, avait porté rapidement les mousses à la température de 125°, et les y avait laissées seulement *quelques minutes.*

En 1859, MM. Gavarret et Doyère, faisant marcher plusieurs expériences de front, ont placé divers échantillons dans la même étuve. Ils ont élevé graduellement la température afin de pouvoir retirer successivement, à des intervalles déterminés, les échantillons qui au-

---

(1) Voy. plus haut, p. 36.

(2) Gavarret, *Expériences sur les rotifères, les tardigrades et les anguillules*, dans ANNALES DES SCIENCES NATURELLES. Les animaux qui se sont ranimés après le chauffage à 110° étaient restés trente-deux minutes à des températures supérieures à 100°. (Tirage à part, p. 8 et 9.)

raient subi des températures déterminées. Il en est résulté que les mousses chauffées à 110° avaient supporté pendant trente minutes une température comprise entre 100 et 110°; que les mousses chauffées à 125° avaient supporté pendant soixante-dix-huit minutes une température comprise entre 115 et 125°; que les mousses chauffées à 120° avaient supporté pendant trente-huit minutes une température comprise entre 115 et 120°, etc. La durée des températures voisines du maximum a donc été très longue dans les expériences de 1859, très courte dans les expériences de 1841.

Nous savions déjà que la dessiccation artificielle atténue les dangers de l'épreuve du chauffage et permet de reculer notablement la limite des températures où la propriété de réviviscence est anéantie ; mais on vient de voir qu'elle ne met pas les animaux en état d'affronter indéfiniment les températures où elle leur permet de rester impunément pendant plusieurs minutes.

Il faut tenir compte de cet élément lorsqu'on cherche la limite des températures compatibles avec le maintien de la réviviscence.

Les températures dangereuses sont celles qui ne peuvent être supportées longtemps par les animaux réviviscibles. Elles commencent vers 70° pour les anguillules, vers 80° pour les tardigrades et les rotifères ; le danger s'accroît avec la température, et la durée du temps pendant lequel les animaux peuvent résister à une température déterminée diminue à mesure que celle-ci est plus élevée.

A quoi pourrons-nous attribuer cette influence nuisible de la durée du chauffage? Comment expliquerons-nous qu'un rotifère puisse supporter pendant trente minutes une température de 100°, et ne puisse pas la supporter pendant une heure? En quoi consiste ce changement d'état produit par la continuation d'une température d'abord inoffensive?

Pour répondre à ces questions, demandons-nous comment le calorique peut agir sur les corps. Il ne peut agir que de deux manières : soit en les dilatant, soit en leur faisant subir des altérations chimiques.

On concevrait que la dilatation pût déterminer dans le corps des rotifères des ruptures incompatibles avec le rétablissement ultérieur des fonctions. Mais les ruptures devraient se produire au moment où la température change, et non pas au moment où la température se maintient. Le rotifère chauffé à 100° pendant trente minutes a subi depuis longtemps le degré de dilatation que cette température est capable de produire, et lorsqu'on voit, pendant les trente minutes suivantes, le mercure du thermomètre adjacent conserver invariablement le même volume, on ne comprend pas que le corps des rotifères puisse continuer à se dilater.

Ce n'est donc pas à l'action physique de la chaleur, mais à son action chimique, qu'on doit attribuer les changements produits par la continuation du chauffage. Lorsque la température est très-élevée, lorsqu'elle dépasse 150 ou 200°, l'altération chimique de la plupart des matières organiques est extrêmement prompte ; mais elle devient plus lente sous des températures moins hautes, et la durée du temps nécessaire pour la produire est d'autant plus considérable que la chaleur est moins forte. On comprend ainsi qu'une substance organique puisse résister à une température déterminée pendant un nombre déterminé de minutes, et qu'elle puisse ensuite s'altérer peu à peu à partir de ce moment.

Il y a certainement une limite qu'on ne pourrait dépasser, ne fût-ce que pendant une seule minute, sans détruire à jamais la propriété de reviviscence de tous les animaux.

Cette limite est encore inconnue ; les expériences que MM. Gavarret et Doyère ont faites récemment pour la déterminer n'ont pu donner qu'un minimum bien au-dessous probablement de la limite réelle, puisqu'avant d'atteindre la température terminale, ils ont fait passer les animaux par des températures dangereuses prolongées assez longtemps pour être extrêmement nuisibles. Dans le procédé qu'ils ont suivi, la durée du chauffage s'est accrue avec l'intensité du chauffage, et les deux dangers ont par conséquent marché de front. La limite de 110 à 115°, qu'ils ont déterminée, ne saurait donc être considérée comme définitive, et des expériences ultérieures dirigées de manière à abréger de beaucoup la durée des températures intermédiaires, permettront probablement de reculer cette limite jusque vers 120 ou 125° ; car on n'a pas oublié qu'en 1841 M. Doyère a réussi à ranimer des animaux chauffés à cette dernière température, en présence de plusieurs savants. Si nous nous bornons à dire que la chose est probable, c'est parce que nous ne connaissons pas les détails de l'expérience dont le résultat a été simplement énuméré en quelques lignes (1). Mais nous devons ajouter que ce résultat s'accorde parfaitement avec ce que les autres expériences nous ont appris sur les conditions capables de porter atteinte à la propriété de reviviscence.

Cette propriété se maintient tant que le corps de l'animal desséché conserve son intégrité ; elle disparaît dès que les tissus ou les organes deviennent le siége de lésions ou d'altérations *d'une certaine gravité.* Des lésions ou des altérations légères peuvent permettre à l'animal de se ranimer, mais la vie qu'on lui rend est incertaine, paresseuse et de

---

(1) Voy. plus haut, p. 36.

courte durée; il est malade; l'état de ses tissus et de ses organes s'oppose au rétablissement régulier et complet des fonctions, et il meurt définitivement après une agonie de quelques heures ou de quelques jours (1).

Les lésions qui peuvent détruire ou amoindrir la propriété de ré-

---

(1) Voy. plus haut, expér. XXI, p. 95. Nous rappelons en particulier l'exemple de ce rotifère qui fut sur le point de se ranimer sous nos yeux, qui présenta des contractions viscérales partielles, et qui néanmoins ne put réussir à se déployer. (Voy. p. 91.) J'ai eu l'occasion de constater un fait analogue sur un animal qui ne passe pas pour réviviscent. Dans un échantillon de mousse que j'ai récolté le 12 septembre 1859, à Sainte-Foy, sur un toit exposé à l'ouest, et qui est principalement riche en anguillules, j'ai trouvé le 24 octobre un *acarus* dont je n'ai pas su déterminer l'espèce, mais dont le genre est facile à reconnaître d'après le croquis que j'ai conservé. Cet animal, long de plus de 1/2 millimètre, et large de 1/3 de millimètre (sans compter les pattes), fut humecté à dix heures du matin avec le reste de la préparation. Quoique son corps fût très-peu transparent, on apercevait très-nettement, sur les deux côtés de la ligne médiane, deux grands sacs à peu près symétriques qui paraissaient faire partie du tube digestif. A trois heures de l'après-midi, je crus apercevoir une légère oscillation dans l'un des sacs, et dès lors je concentrai toute mon attention sur cet animal. Je vis ces oscillations, qui étaient d'abord fort lentes, se régulariser bientôt, et prendre le caractère de contractions viscérales péristaltiques qui se succédaient à des intervalles de cinq minutes au moins et de dix minutes au plus. Chaque contraction durait à peine deux ou trois secondes; puis tout rentrait dans le repos jusqu'à la contraction suivante. Les deux sacs se contractaient alternativement; une seule fois je les ai vus se contracter simultanément. Cela dura toute la journée. Le soir, à minuit, rien n'était changé. J'espérais pouvoir continuer l'observation le lendemain; mais à dix heures du matin je trouvai l'animal absolument immobile, et au bout de trois jours je dus perdre l'espoir de le voir revivre. Le phénomène qui s'est passé chez lui me paraît devoir être considéré comme une réviviscence partielle; deux organes dont l'intégrité était conservée ont pu reprendre vie; les autres organes, plus altérés, ne se sont pas ranimés. De même que toutes les parties d'un animal ne meurent pas à la fois, et qu'après la mort de l'*individu* certains *tissus* ou certains *organes* continuent à être le siége de phénomènes vitaux, de même dans la réviviscence tous les organes ne se raniment pas avec la même facilité. Les animaux dont tous les organes conservent leur intégrité, malgré la dessiccation, sont réellement réviviscents. On conçoit que d'autres animaux puissent posséder des organes réviviscibles et d'autres organes non réviviscibles. Ces animaux, parmi lesquels il faut sans doute ranger l'acarus en question, formeraient ainsi une transition entre ceux qui sont réviviscibles et ceux qui ne le sont pas.

viviscence sont, les unes physiques ou plutôt mécaniques, les autres chimiques. Les premières altèrent la continuité des organes, les autres altèrent la composition chimique des tissus. Le chauffage peut être dirigé de manière à ne déterminer aucune lésion mécanique, et à éviter également, parmi les altérations chimiques, celles qui résultent de l'action de l'eau interposée sur les matières organiques. Mais rien ne peut soustraire ces matières à la *décomposition* qui survient sous l'influence des températures élevées.

Cette décomposition s'effectue de diverses manières, suivant la nature des matières organiques, suivant le degré de température, suivant que le chauffage a lieu en vase clos ou dans un courant d'air, etc. Il dépend de la volonté de l'expérimentateur de la diriger à son gré, de l'activer ou de la ralentir, mais il ne dépend pas de lui de l'empêcher.

Il y a donc une limite de température au delà de laquelle la constitution chimique des animaux est inévitablement modifiée.

Les rotifères peuvent-ils conserver leur propriété de réviviscence jusqu'à cette limite? Cela est probable, quoique les expériences propres à le démontrer rigoureusement n'aient pas encore été faites.

Il y a deux inconnues dans ce problème. D'une part, on ignore jusqu'à quel degré de température les rotifères peuvent rester réviviscibles; d'une autre part, on ignore à quel degré de température commence la décomposition des matières, albuminoïdes ou autres, qui composent le corps de ces animaux. On ignore même où *commence* la décomposition des principes immédiats les mieux étudiés, tels que l'albumine ou la fibrine.

Ce qui est certain, c'est que cette décomposition peut être opérée sous des températures bien inférieures à celles qui sont employées dans les analyses chimiques. Il suffit pour cela de prolonger longtemps le chauffage.

La farine de froment chauffée à 100° au contact de l'air pendant quelques heures seulement ne subit aucune décomposition; le gluten change d'état et perd son élastricité, mais sa composition chimique reste la même; la fécule est inaltérée, et la préparation conserve sa blancheur. Il semble donc résulter de là, et c'est une opinion assez générale, que la farine ne se décompose pas sous une température de 100°.

Pourtant, si l'on prolonge le chauffage pendant plusieurs jours de suite, la décomposition s'effectue, car la préparation jaunit d'abord et brunit ensuite, comme elle le fait en quelques heures sous une température de 200°

Cet exemple nous montre d'une part que la décomposition de certaines matières organiques peut commencer à s'effectuer sous des températures relativement peu élevées, d'autre part que ce résultat exige pour se produire un temps d'autant plus long que la chaleur est moins forte.

Il est fort probable que les matières albuminoïdes animales se comportent d'une manière analogue. Elles se décomposent rapidement sous des températures de 150 à 160°, et en quelques minutes sous des températures d'environ 130°, qui paraissent peu éloignées de celles où les rotifères perdent *nécessairement* leur propriété de réviviscence. Lorsqu'on abaisse la température, il suffit sans doute, pour décomposer ces matières, de prolonger le chauffage.

Jusqu'où faudrait-il descendre pour mettre les substances albuminoïdes, chauffées indéfiniment au contact de l'air, à l'abri de toute décomposition, de toute oxydation? C'est ce qu'on ignore absolument. Les chimistes ont étudié les actions rapides, mais ils ont négligé la plupart des actions lentes, dont les effets ne deviennent appréciables qu'au bout de quelques heures, de quelques jours, de quelques semaines. M. Chevreul, toutefois, a reconnu qu'il fallait maintenir à 100°, pendant une heure et demie, l'albumine *desséchée* pour la transformer en un composé insoluble. N'est-il pas probable que la même substance, chauffée à 80 ou 90° pendant plusieurs heures, perdrait également sa solubilité? N'est-il pas probable que d'autres matières azotées partagent avec l'albumine la propriété de pouvoir résister, pendant un certain temps, à la température de 100° ou de s'altérer ensuite si l'on prolonge le chauffage? N'est-il pas probable enfin que ces mêmes matières, chauffées au-dessous de 100°, n'échapperaient pas à l'action chimique de la chaleur prolongée plus longtemps encore? Tout cela est hypothétique sans doute, et l'on n'est pas autorisé, avant que l'expérimentation ait prononcé, à établir sur de semblables données la théorie de la réviviscence. Il faut bien le dire, ce n'est pas ici la chimie qui conduit à l'explication des phénomènes physiologiques, c'est plutôt la connaissance de ces phénomènes et le besoin de les expliquer qui nous conduit à émettre des hypothèses chimiques, lesquelles, pour être corroborées par un petit nombre d'exemples particuliers, n'en sont pas moins des hypothèses.

Toutefois, lorsqu'on songe :

1° Que la propriété de réviviscence est indépendante de la présence de l'eau;

2° Que le chauffage, par conséquent, ne devient pas nuisible par le fait de la dessiccation;

3° Que dès lors les températures dangereuses pour les animaux préalablement desséchés par des moyens artificiels ne sont dangereuses que parce qu'elles exposent les matières organiques à des altérations chimiques; —

On est en droit de penser ou au moins de supposer que la destruction de la propriété de réviviscence chez les rotifères chauffés avec les précautions convenables, est l'indice d'une altération chimique de leurs tissus, c'est-à-dire que, suivant l'expression de M. Doyère, la réviviscence finit seulement là où un nouvel état moléculaire commence (1).

Et si l'on ajoute :

1° Que ces altérations, révélées par la destruction de la propriété de réviviscence, sont subordonnés à la fois au degré de la température et à la durée du chauffage;

2° Qu'elles surviennent d'autant plus vite que la température est plus haute;

3° Que la limite la plus élevée des températures compatibles avec la réviviscence des rotifères paraît correspondre à peu près à la limite où les matières albuminoïdes desséchées commencent à s'altérer *rapidement*; —

On est conduit encore à penser, ou du moins à supposer, que la limite inférieure des températures dangereuses pour les rotifères desséchés doit correspondre à la limite inférieure des températures capables d'altérer avec plus ou moins de lenteur un ou plusieurs des principes qui rentrent dans la composition des tissus de ces animaux;

Ou en d'autres termes, que si les rotifères, chauffés à 80° pendant plusieurs heures consécutives, perdent leur propriété de réviviscence, c'est parce que, dans ces conditions, un ou plusieurs de leurs principes immédiats subissent des altérations chimiques.

Allons plus loin dans cette voie d'hypothèses. Nous avons admis jusqu'ici que les températures dangereuses commencent à 80° pour les rotifères et les tardigrades, parce que cette limite paraît indiquée par les expériences qui ont été faites jusqu'ici, et notamment par celles de M. Pouchet. Mais dans ces expériences l'épreuve du chauffage n'a été prolongée qu'une ou deux heures au plus.

On peut en conclure que les températures qui deviennent dangereuses *au bout de ce temps* pour les rotifères et les tardigrades ne commencent que vers 80°.

En résulte-t-il que des températures moins élevées prolongées plus longtemps laisseraient subsister la propriété de réviviscence? Nulle-

---

(1) THÈSES POUR LE DOCTORAT ÈS SCIENCES. Paris, 1842. In-8°, p. 138.

ment. Il est, au contraire, extrêmement probable qu'un chauffage à 70° prolongé pendant un ou deux jours serait aussi nuisible aux animaux que deux heures de chauffage à 80°.

En tous cas, M. Pouchet a reconnu que les animalcules exposés *continuellement* dans une étuve à une chaleur de 56°, perdent au bout de dix jours leur propriété de réviviscence (1). Nous n'affirmons pas que cette loi soit applicable à tous les rotifères; n'oublions pas que ceux de M. Pouchet, élevés dans un milieu humide, résistent moins à l'action des hautes températures que les rotifères et les tardigrades élevés sur des toits exposés au soleil. Il est donc possible que ces derniers soient capables de résister plus de dix jours à l'action d'une température de 56°; mais le fait que nous voulons établir conserve néanmoins toute sa signification.

Des animaux *de même provenance*, mis en expérience par M. Pouchet, ont perdu leur propriété de réviviscence au bout de quelques heures sous des températures peu supérieures à 80°, et au bout de dix jours seulement sous une température d'environ 56°. C'est la confirmation de la remarque que nous avons déjà faite à l'occasion des températures plus élevées. Là encore nous voyons la *durée du chauffage* compenser *l'abaissement de la température*. Mais cette compensation est loin d'être proportionnelle.

Les rotifères, qui peuvent supporter au moins trente minutes la température de 100°, ne résistent pas plus de deux ou trois heures à une chaleur de 80°.

Ainsi, pour compenser une différence de 20°, il suffit de rendre la durée du chauffage cinq ou six fois plus longue. D'un autre côté ces mêmes rotifères, qui ne résistent pas plus de deux ou trois heures à une chaleur de 80° environ, résistent pendant dix jours à une chaleur de 56°. La différence de température est ici de 24°, c'est-à-dire à peine plus considérable que dans le premier cas, tandis que la différence de durée est devenue au moins cent fois plus grande. Il ne paraît guère possible de concilier ces faits avec la théorie qui attribue à la dessiccation l'influence nuisible du chauffage. On peut supposer à la rigueur que la dessiccation soit cinq ou six fois plus rapide à 100° qu'à 80°, mais on ne conçoit guère qu'elle soit cent fois plus lente à 56° qu'à 80°. Puis, quelle est la substance organique qui, réduite en poudre impalpable et chauffée en petite quantité, pourrait retenir de l'humidité jusqu'au dixième jour sous une température de 56°?

---

(1) Pouchet, NOUVELLES EXPÉRIENCES SUR LES ANIMAUX PSEUDO-RESSUSCITANTS. Rouen, 1860, grand in-8, p. 15.

La théorie de la dessiccation ne paraît donc pas acceptable, mais il y a dans les expériences de M. Pouchet des faits incompatibles avec cette théorie.

Dans une première série d'expériences le terreau fut enfermé dans des ballons *exactement bouchés* et remplis *d'air parfaitement desséché*. L'humidité dégagée du terreau, ne pouvant s'échapper à l'extérieur, séjourna dans le ballon pendant toute la durée du chauffage.

Dans une seconde série d'expériences, les ballons, d'ailleurs exactement lutés, furent tenus en communication avec un appareil à dessiccation rempli de chaux vive.

Enfin, dans une troisième série d'expériences, les animaux furent chauffés *en contact avec de l'air humide*.

La dessiccation a donc été complète dans le second cas, très-incomplète dans le premier, à peu près nulle dans le troisième. Or, le résultat a été le même dans les trois cas : la propriété de réviviscence s'est trouvée anéantie au bout de dix jours de chauffage à 56°. Les animaux chauffés à sec n'ont résisté ni plus ni moins longtemps que les animaux chauffés dans l'air humide, et M. Pouchet, en instituant ces intéressantes expériences, a fourni sans le vouloir un argument précieux contre la théorie de la dessiccation.

Mais si ce n'est pas la dessiccation qui tue sans retour les animaux chauffés à 56°, quelle est la cause que nous pourrons invoquer pour expliquer l'influence nuisible de cette température suffisamment prolongée ?

Confinés dans des vases parfaitement clos, placés dans une étuve sous une chaleur aussi constante que possible (1), soustraits, par conséquent, aux effets fâcheux des variations hygrométriques et thermométriques, les animaux n'ont pu éprouver aucune lésion mécanique. Il nous semble difficile, dès lors, de ne pas attribuer le résultat de l'expérience à l'altération chimique de leurs tissus. On n'est pas habitué à cette idée que les matières organiques assez sèches pour être à l'abri de la putréfaction, ou même tout à fait sèches, puissent subir des altérations chimiques sous des températures inférieures même à celle qui coagule l'albumine en dissolution. Mais les chimistes ont fait fort peu de recherches sur l'influence de ces températures, et per-

(1) Le maximum s'est élevé à 62°,5, le minimum a été de 54°. Les oscillations de température ont donc été de moins de 9°, et beaucoup moins considérables, par conséquent, que les oscillations de la température naturelle qui permettent pourtant aux animaux de conserver leur propriété de réviviscence pendant plusieurs années.

sonne, à notre connaissance, n'a essayé de soumettre les principes albuminoïdes aux épreuves prolongées que M. Pouchet a fait subir aux animaux réviviscents.

Personne ne sait donc quelle est la limite inférieure des températures capables de déterminer *à la longue* des altérations chimiques dans les substances organiques chauffées au contact de l'air. Parce qu'on aura vu ces substances résister pendant quelques heures ou quelques jours à une température de 56°, par exemple, en pourra-t-on conclure que ces mêmes substances résisteraient aussi bien pendant plusieurs semaines ou pendant plusieurs mois à cette température *ou même à des températures moins élevées encore?* Ne sait-on pas que certains métaux peu avides d'oxygène, finissent par s'oxyder naturellement *à froid*, quoiqu'on soit obligé de les porter à une chaleur de plusieurs centaines de degrés pour les oxyder rapidement?

Toute cette partie de la chimie qu'on pourrait appeler la chimie des actions lentes est encore à peu près inexplorée. C'est un immense champ de recherches que nous prenons la liberté de signaler à l'attention des hommes spéciaux. Jusqu'à ce que ces recherches aient été faites, jusqu'à ce que toutes les questions que nous avons posées aient reçu une réponse positive, il sera permis de considérer comme très-probable que l'épreuve du chauffage, même l'épreuve du chauffage à des températures très-modérées, ne détruit la propriété de réviviscence qu'en modifiant la constitution chimique des tissus des animaux, lorsque cette épreuve est dirigée de manière à ne porter aucune atteinte à l'intégrité de leur constitution anatomique.

L'inégale résistance des diverses espèces d'animaux réviviscents soit à la durée, soit à l'intensité du chauffage, n'est nullement en opposition avec cette hypothèse, car il est hors de doute que les diverses substances albuminoïdes résistent très-inégalement à l'action de la chaleur, et on peut considérer comme à peu près certain que la composition chimique du corps des rotifères n'est pas *identique* avec celle du corps des tardigrades ou des anguillules. La propriété de réviviscence peut s'éteindre dès qu'un seul tissu, dès qu'un seul principe immédiat a subi la plus légère altération chimique. La plus légère différence de composition chimique peut donc rendre très-différents les effets du chauffage.

On conçoit de la même manière ce fait, déjà si souvent indiqué dans notre rapport, que des animaux de même espèce, mais élevés dans des milieux différents, résistent inégalement à l'épreuve des températures, et que, sur cent rotifères de même espèce, de même provenance, et soumis à la même épreuve, dans la même expérience, les uns restent plus ou moins réviviscibles, tandis que les autres ont entièrement perdu la propriété de se ranimer au contact de l'eau. Les différences individuelles, pour être moins prononcées que les différences d'espèce à espèce n'en sont pas moins parfaitement réelles. Les phénomènes chimiques de la putréfaction peuvent se développer avec une rapidité extrêmement variable, dans les cadavres d'individus morts le même jour et déposés dans le même local, sur deux tables voisines (1).

Les différences individuelles pouvant exercer une pareille influence sur la résistance que les tissus opposent à la putréfaction, on ne saurait s'étonner qu'elles exercent une influence analogue sur la marche des phénomènes chimiques provoqués par le chauffage des rotifères.

Nous pouvons maintenant jeter un coup d'œil d'ensemble sur les trois séries d'expériences que nous venons d'étudier séparément. M. Pouchet en avait formé un faisceau que nous avons dû briser, parce que la théorie qui les enchaînait l'une à l'autre se trouvait renversée par les résultats de nos expériences.

Dès le moment que la dessiccation la plus parfaite ne détruisait pas nécessairement la propriété de reviviscence, les dangers de l'épreuve de l'exposition à l'air libre, de l'épreuve du temps et de l'épreuve du chauffage ne pouvaient plus être attribués au fait pur et simple de la dessiccation. Il fallait donc chercher ailleurs le mode d'action de ces trois épreuves. Nous avons essayé de le faire sans nous dissimuler que dans l'état actuel de la science il nous manquait trop d'éléments pour arriver à une solution définitive.

Les faits que nous nous efforcions d'expliquer étaient établis par des expériences suffisamment certaines; mais ces faits étaient trop peu nombreux; ils ne formaient pas une série continue; nous ne connaissions qu'une partie, et la plus petite partie, des conditions matérielles propres à maintenir, à compromettre ou à anéantir la propriété

(1) Ces différences dépendent souvent de la nature des maladies qui ont déterminé la mort; mais elles s'observent aussi chez les individus morts de mort violente au milieu de la santé la plus parfaite. Une centaine de cadavres provenant pour la plupart de la barricade du Petit-Pont furent déposés le 23 juin 1848 dans la salle des morts de l'Hôtel-Dieu. Le 25 juin je fus chargé de présider à l'embaumement de ces corps qu'on ne pouvait encore transporter au cimetière, et qui commençaient à exhaler de l'odeur. Beaucoup étaient déjà dans un état de putréfaction avancée, tandis qu'un certain nombre n'offraient absolument aucun indice de putréfaction.

de réviviscence. Nous n'avions que des renseignements très-incomplets sur la limite extrême de la résistance des animaux aux diverses épreuves.

Les expériences faites jusqu'à ce jour ne nous fournissaient donc que quelques jalons, et en passant de l'un à l'autre nous courions risque de nous égarer plus d'une fois. Mais ce n'était que la moindre des difficultés semées sur notre route. A défaut des notions qu'aurait pu nous fournir une série complète de faits *physiologiques* relatifs aux animaux réviviscents, nous avons dû faire appel aux connaissances acquises sur les conditions *physiques* et *chimiques* capables d'altérer ou de conserver l'état moléculaire des matières organiques, et l'on a vu combien la science est en défaut sur ce point. Les phénomènes chimiques de cet ordre sur lequel nous pouvions nous baser, étaient moins nombreux et plus incertains encore que les phénomènes physiologiques dont nous cherchions à découvrir les causes, et nous étions sans cesse exposés à expliquer *obscurum per obscurius.*

Nous n'avons pas cru devoir pour cela renoncer à toute tentative d'explication. La nécessité d'établir une théorie de la réviviscence ne peut échapper à aucun de ceux qui étudient la nature des phénomènes vitaux, qui se demandent si la vie est un effet ou une cause, un résultat ou un principe d'action. L'importance d'un pareil but est assez considérable pour exciter le zèle des expérimentateurs. Nous avons voulu leur signaler les lacunes de la science, attirer leur attention sur les points douteux ou inconnus, et donner un but déterminé aux recherches qu'on pourra entreprendre pour confirmer ou infirmer notre opinion sur la nature du phénomène de la réviviscence.

En attendant que l'expérimentation ultérieure ait multiplié et étendu nos connaissances sur ce sujet, nous pensons que l'ensemble des faits connus jusqu'à ce jour permet de considérer la réviviscibilité comme une propriété inhérente à la matière organisée, et aussi permanente ni plus ni moins que l'état moléculaire dont elle dépend. Il nous paraît dès lors que le phénomène de la réviviscence rentre dans la catégorie des phénomènes dont les conditions sont soumises aux lois de la physique et de la chimie pures.

Cette conclusion se présente naturellement à l'esprit lorsqu'on songe que la dessiccation complète laisse persister la propriété de réviviscence. Là où l'eau fait entièrement défaut, la vie paraît tout à fait impossible; et là où il n'y a plus de vie, la matière devenue inerte ne peut être modifiée soit dans sa constitution, soit dans ses propriétés, que par les agents physiques ou chimiques.

Mais on pouvait objecter contre cette doctrine que la réviviscibilité s'éteint dans des conditions qui, au premier abord, ne semblent pas de nature à modifier les matières organiques. Des épreuves qui, comparées à celle du chauffage à 100°, paraissent tout à fait inoffensives, l'épreuve de l'exposition à l'air libre, la simple épreuve du temps, enlèvent aux animaux leur propriété de réviviscence, et le même résultat est produit au bout d'un temps plus ou moins court par des températures sèches bien inférieures à celles qu'on emploie généralement pour décomposer les substances organiques.

Nous avons dû nous demander, par conséquent, si ces diverses épreuves étaient réellement sans action sur les principes immédiats et notamment sur les substances albuminoïdes semblables ou analogues à celles dont se composent les corps des animaux réviviscents. Nous croyons avoir montré, par quelques exemples particuliers, que certains principes immédiats subissent dans ces conditions des altérations plus ou moins graves, consistant soit en un changement d'état, soit en un changement de composition atomique, et accompagnées dans les deux cas, d'un changement de propriétés.

Dès lors, quoique la composition chimique des corps réviviscents n'ait pas encore été exactement déterminée, les résultats des épreuves auxquelles ces corps ont été soumis se concilient parfaitement avec les faits connus de la chimie organique.

Ainsi, deux doctrines sont en présence. Le phénomène de la réviviscence est un phénomène vital, ou bien c'est un phénomène indépendant de la vie, et dépendant exclusivement de l'état matériel des corps.

La première doctrine est en opposition absolue avec les résultats de l'épreuve de la dessiccation.

La seconde doctrine, au contraire, n'est en opposition avec aucun fait connu; elle permet d'expliquer non-seulement les résultats de l'épreuve capitale de la dessiccation, mais encore ceux des autres épreuves. Elle découle directement de certaines expériences, et elle se concilie très-bien avec toutes les autres.

Il y a donc des raisons décisives qui doivent faire rejeter la première. Il n'y en a aucune qui puisse empêcher d'accepter la seconde; et celle-ci, reposant d'ailleurs sur des faits bien positifs, nous paraît devoir être admise, dans l'état actuel de la science, comme l'expression de la vérité.

EN RÉSUMÉ :

1° Les animaux dits *réviviscents* sont ceux qui peuvent être ranimés par l'humectation après avoir perdu, par suite d'une dessiccation plus ou moins complète, toutes les apparences, toutes les manifestations de la vie.

2° Lorsqu'ils sont plongés dans un milieu humide, ils vivent comme les animaux ordinaires, ils ne s'en distinguent par aucun caractère anatomique ou physiologique, et ne peuvent alors supporter sans périr définitivement une température supérieure à 50°.

3° Lorsqu'ils ont été privés de toutes les apparences de la vie par une dessiccation naturelle à l'air libre, ils peuvent supporter des températures beaucoup plus élevées, sans perdre leur propriété de réviviscence.

4° Ils peuvent alors subir de brusques changements de température, et franchir *tout à coup* un intervalle de près de 100° (de —17.6 à +78°) sans perdre leur propriété de réviviscence. (Pouchet, exp. X.)

5° Les procédés les plus parfaits de dessiccation artificielle à froid ne suffisent pas toujours pour enlever à ces animaux leur propriété de réviviscence.

6° Leur résistance aux températures élevées paraît s'accroître d'autant plus qu'ils ont été plus complétement desséchés d'avance.

7° Toutes les espèces réviviscentes ne résistent pas au même degré à la dessiccation artificielle et aux températures élevées.

8° Des animaux de la même espèce, suivant le milieu où ils ont été élevés, peuvent présenter sous ce rapport des différences très-considérables; ceux qui ont vécu dans un milieu habituellement humide résistent moins que ceux qui ont vécu dans un milieu habituellement sec.

9° Les anguillules des tuiles perdent leur propriété de réviviscence plus aisément que les tardigrades et les rotifères ; et ceux-ci paraissent doués d'une résistance supérieure à celle des tardigrades.

10° Nous avons vu une grosse anguillule, chauffée pendant trente minutes à 78° dans l'étuve de M. Pouchet, se ranimer après l'humectation. (Exp. XI.)

11° Les tardigrades émydiums, et surtout les tardigrades macrobiotes, ont pu se ranimer après avoir subi pendant cinq minutes une température de 98° dans l'étuve de M. Doyère. (Exp. VI et VII.)

12° Les rotifères peuvent se ranimer après avoir séjourné quatre-deux jours dans le vide sec, et subi immédiatement après pendant trente minutes une température de 100°. (Exp. XXI.) Par conséquent, des animaux desséchés successivement à froid et à chaud, et parvenus au degré de dessiccation le plus complet qu'on puisse obtenir, dans l'état actuel de la science, sans décomposer les matières organiques, peuvent conserver encore la propriété de se ranimer au contact de l'eau.

13° L'exposition prolongée à l'air libre constitue pour les animaux réviviscents une épreuve très-dangereuse et détruit en peu de mois leur propriété de réviviscence.

14° Ce résultat ne peut être attribué à la dessiccation, puisque des corps desséchés à l'air libre et à la température naturelle ne peuvent être considérés comme plus secs que les mêmes corps desséchés artificiellement d'abord à froid, puis à chaud, aussi complétement que possible.

15° Les dangers de l'épreuve de l'exposition à l'air libre, ne pouvant être attribués au fait de la dessication, dépendent selon toutes probabilités des altérations matérielles que font subir aux corps des animaux réviviscents les variations continuelles de la température et surtout de l'humidité atmosphérique.

16° Les animaux déposés dans des boîtes, protégés par une couche épaisse de mousse ou de terreau, ou soustraits d'une manière quelconque à l'action directe de l'air extérieur, conservent leur propriété de réviviscence beaucoup plus longtemps que les animaux exposés directement aux vicissitudes atmosphériques. Néanmoins, dans ces conditions, ils cessent d'être réviviscibles au bout d'un certain nombre d'années.

17° La limite du temps pendant lequel ils conservent ainsi leur propriété de réviviscence, est très-variable. Elle peut s'élever jusqu'à onze ans *au moins* pour les rotifères, jusqu'à vingt-huit ans *au moins* pour les anguillules du blé niellé. (Voy. p. 110 et p. 115.)

18° Les dangers de l'épreuve du temps ne pouvant être attribués au fait de la dessiccation, dépendent, selon toutes probabilités, des altérations physiques ou chimiques que subissent à la longue les tissus et les principes immédiats des corps réviviscents.

19° Dans l'épreuve des températures élevées, la durée du chauffage n'est pas moins importante à considérer que l'intensité du chauffage.

20° La limite inférieure des températures que les rotifères peuvent supporter indéfiniment sans perdre leur propriété de réviviscence est encore indéterminée. Il paraît résulter, d'une expérience de M. Pouchet, que cette limite est inférieure à 56°. (Voy. p. 131 et 132.)

21° La limite supérieure des températures que les rotifères peuvent supporter quelques instants sans perdre leur propriété de réviviscence est encore indéterminée. Il paraît résulter, d'une expérience de M. Doyère, qu'elle est égale ou supérieure à 125°. (Voy. p. 36.)

22° La température de l'ébullition de l'eau est aisément supportée pendant cinq minutes par les rotifères et les tardigrades, *préalablement desséchés* à froid (Exp. VI et VII); cette même température, prolongée pendant trente minutes, a anéanti chez tous nos tardigrades et chez la plupart de nos rotifères la propriété de réviviscence (Exp. XIX, XX et XXI). Il est extrêmement probable que, prolongée plus longtemps encore, elle aurait anéanti cette propriété chez tous les animaux.

23° Certaines matières organiques, préalablement desséchées, se comportent à cet égard comme les animaux réviviscents; elles peuvent supporter quelque temps sans altération la température de l'ébullition qui, prolongée plus longtemps, altère soit leurs propriétés, soit leur composition chimique; mais, chauffées au contact de l'eau ou de la vapeur d'eau, elles ne peuvent supporter, même pendant quelques instants, la température de l'ébullition, sans subir des altérations irréparables.

24° Tout permet de croire que l'épreuve du chauffage, convenablement dirigée, ne porte atteinte à la propriété de réviviscence des rorotifères qu'en portant atteinte à la composition chimique de leur corps.

25° La propriété de réviviscence des rotifères paraît aussi permanente ni plus ni moins que la matière organisée à laquelle elle appartient.

CONCLUSION DE LA COMMISSION.

Le travail qui précède est naturellement, comme tous les rapports, l'œuvre du rapporteur. Mais la conclusion suivante a été rédigée en séance et adoptée à l'unanimité par la commission, qui prend d'ailleurs sous sa responsabilité l'exactitude des expériences consignées dans le rapport :

« La résistance des tardigrades et des rotifères aux températures « élevées paraît s'accroître d'autant plus qu'ils ont été plus complé« tement desséchés d'avance. Les rotifères peuvent se ranimer après « avoir séjourné quatre-vingt-deux jours dans le vide sec et subi im« diatement après une température de 100° pendant trente mi« nutes. Par conséquent, des animaux desséchés successivement à « froid dans le vide sec, puis à 100° sous la pression atmosphérique, « c'est-à-dire amenés au degré de dessiccation le plus complet qu'on « puisse réaliser dans ces conditions et dans l'état actuel de la science, « peuvent conserver encore la propriété de se ranimer au contact de « l'eau. »

BALBIANI, BERTHELOT, BROCA, BROWN-SÉQUARD.
DARESTE, GUILLEMIN, ROBIN.

FIN.

EXPLICATION DE LA PLANCHE.

Les appareils sont réduits à un dixième de leurs dimensions.

Fig. I. Tube à dessiccation employé dans les expériences XVI et XIX. (Voy. p. 70 et 81.)

Fig. II. Tube en U employé dans les mêmes expériences pour le chauffage au bain-marie.

Fig. III. Appareil employé par la commission dans les expériences XX et XXI. (Voy. p. 86.)

A. Prise d'air.

B. Premier vase à dessiccation, renfermant deux litres de chaux vive.

C. Second vase à dessiccation, renfermant deux litres de chaux vive.

D. Troisième vase à dessiccation, renfermant deux litres de chaux vive.

a, *b*, *c*. Trois tubes émergeant de ce dernier vase et communiquant avec les trois tubes en U.

1, 2, 3. Les trois tubes en U, contenant la mousse à leur partie inférieure et plongeant dans le bain d'huile. L'un d'eux, n° 3, renferme un thermomètre qui pénètre jusque sur la mousse.

a', *b'*, *c'*. Les trois tubes qui émergent des trois tubes en U, et qui vont s'ouvrir isolément dans le vase H, à 1 centimètre 1/2 au-dessous du niveau de l'acide sulfurique.

I. Tube unique émergeant du vase H et allant plonger profondément dans le vase aspirateur.

K. Le vase aspirateur, gradué de litre en litre, contenant huit litres d'eau, mais ne pouvant aspirer que cinq litres d'air, à cause de la résistance que l'air rencontre dans le vase H.

L. Robinet du vase aspirateur.

M. Second vase recevant, au moyen d'un entonnoir, l'eau qui s'échappe du vase aspirateur, et destiné à remplacer ce dernier après l'écoulement des cinq litres d'eau.

E, E. Le bain d'huile renfermant quatre litres d'huile.

F. Fourneau à gaz, dont le tube est muni d'un robinet pour diriger le chauffage.

S. Le thermomètre du bain.

T. Thermomètre plongeant dans le tube en U, n° 3, et donnant la température des mousses.

V. Support muni d'un grand anneau, auquel sont suspendus les trois tubes en U et les deux thermomètres.

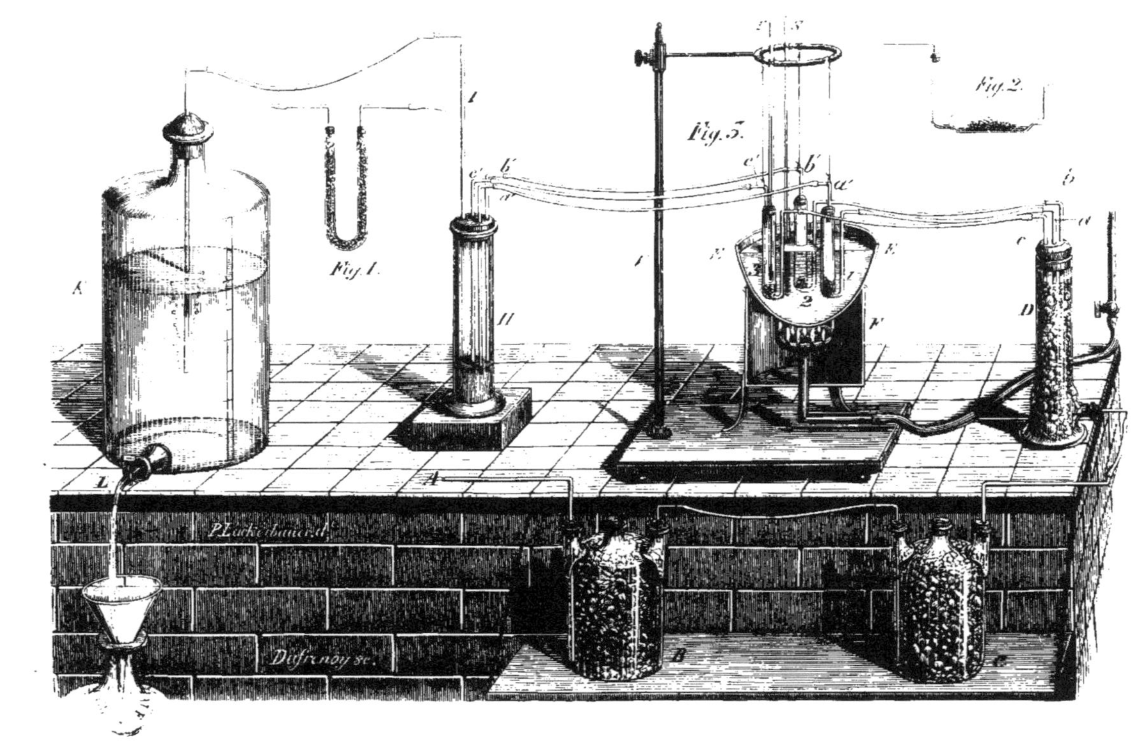
Fig. 1.
Fig. 2.
Fig. 3.
Dufrénoy sc.

TABLE DES MATIÈRES.

www.ingramcontent.com/pod-product-compliance
Ingram Content Group UK Ltd.
Pitfield, Milton Keynes, MK11 3LW, UK
UKHW021155260726
13994UKWH00001B/482